JN257181

コンピュータアーキテクチャ

第2版

福本　聡
岩崎一彦
［著］

朝倉書店

まえがき

情報化社会といわれる今日，われわれの社会生活や日常生活の多くの場面で様々なコンピュータが活躍している．例えば，為替・預金業務や座席予約管理業務などのトランザクション処理では，高性能サーバが中心的な役割を果たしている．職場や家庭にはインターネット接続されたパーソナルコンピュータが広く普及し，企業活動や個人生活に革新的な影響を与えている．さらに最近では，携帯電話や情報家電にマイクロコンピュータが埋め込まれ，その付加価値がもたらす高い収益性で経済の活性化に大いに貢献している．これらの現代社会に深く浸透している様々なコンピュータは，規模の違いこそあるものの，構造的にはすべてノイマン型と呼ばれるコンピュータである．

本書『コンピュータアーキテクチャ』の目的は，このノイマン型コンピュータの構成と設計の概要を初学者向けに解説することである．コンピュータアーキテクチャ (computer architecture) は，広義にはコンピュータの構造，仕様，構成法，設計法などを意味し，狭義には（または本来の意味では）あとで述べるように，個別のコンピュータが備えている命令仕様のことを意味する．コンピュータアーキテクチャに関する教科書としては，体系的かつ網羅的に記述された多くの名著が存在する[1〜6]．しかしながら，コンピュータのハードウェアに関する予備知識のない初学者にとって，それらの教科書ではやや内容が豊富すぎて消化不良に陥る可能性がある．また具体的なハードウェアのイメージを持たないために，設計についての実感を伴った理解が得られにくい．

そこで本書では，モデルアーキテクチャ，すなわち具体的なモデルとなるコンピュータの仕様を決定し，それを実現するための基礎的な構成／設計に限定して論ずることにする．ただし，現実の多くのコンピュータは非常に複雑な仕様を持つため，そのための題材として適当ではない．実際のコンピュータに共通する基本要素を含みながら，一般性を失うことなく簡単化されたモデルアーキテクチャを設定する必要がある．ここでは，情報処理技術者試験のための仮想コンピュータである COMET II を取り上げることにする．

はじめに，コンピュータの機械語の役割とアセンブラの機能を，COMET II とそれに対応するアセンブリ言語 CASL II をモデルにして解説する．つぎに COMET II の仕様を実現するためのハードウェアの構成と設計について論ずる．要所ごとにハードウェア記述言語 VHDL による設計例を示すので，シミュレーション環境があれば，設計演習を実施しながら効果的に学習を進めることも可能である．本書で具体的なコンピュータの構成／設計技術を学習したのち，上記の本格的な教科書でコンピュータアーキテクチャに関する知識と理解を深めることを薦める．また，本書とは異なるモデルアーキテクチャを設定して設計技術を解説した文献[7)8)] などによって，設計演習の経験を広めるのもよいと思われる．

本書は，大学の学部や高専の高学年の講義で使用することを意識している．C 言語などの高級言語によるプログラミングの経験があることと，論理回路の基礎知識を習得していることが理解の前提となる．本書を講義で使用するときの授業計画案やスライド，本文で使用した図表，プログラムリストなどを，巻末（関係 Web サイトのページ）に記した本書サポートサイトからダウンロードすることができる．同サイトには論理回路シミュレータの入手先なども示されている．

なお，本書は多くの方々のご協力の賜物である．研究室助手の新井雅之氏，シリコンシード社長 市野憲一氏，都立産業技術研究所 大原 衛氏には執筆上のヒントとなる多くの貴重な情報をいただいた．研究室の坂本直樹君には VHDL 記述例を作成していただき，佐久間大斗君には出版前の原稿に丹念に目を通していただいた．また，知人のイラストレータ 横田ヒロミツ氏には本書サポートサイトのためにすばらしいイラストを描いていただいた．各位に心から感謝の意を表する．

2005 年冬 南大沢にて

著　　者

第2版について

初版から十年目を迎えた区切りに，本書を改訂することとなった．日進月歩のコンピュータ技術ではあるが，もともと本書の目的は最新のアーキテクチャを紹介することではない．プロセッサの基本的な構成と設計を，具体例に沿って学んでもらうことにある．内容の大幅な更新は必要ないと考えた．しかし，読者が理解しづらいと感じるらしい箇所にはいくつか心当たりがあった．著者が職場で担当している講義の受講者や，本書をテキストとして採用していただいている各大学の先生方からのフィードバックのお蔭である．手を加えたのは，おもに以下の部分である．

- 第1章1.1節「コンピュータのハードウェア構造」を，本書で割愛したメモリアーキテクチャの一般的な位置づけを含めた記述に改めた．
- 第1章1.3節「ハードウェアの発展と設計技術」を現在の視点から書き改めた．
- 第3章「演算部」3.4.2項で，シフタの動作概念の記述と図を改めた．
- 第4章「制御部」4.1.1項を改めて，「状態図」と「制御信号」の独立した項とし，状態図から制御回路への導入を具体的に説明した．
- 全般に，図表や文章表現などを修正して，了解性の改善に努めた．

一方，十年間にコンピュータアーキテクチャや論理回路設計に関する多くの好書が出版されている．新しい文献[12〜15, 22〜28]として引用させていただいた．また，イラストレータにして川崎医療福祉大学准教授の横田ヒロミツ氏が本書サポートサイトのために描いてくださったイラストを，今回の第2版の表紙デザインにも採用していただいた．読者の方々が本書を手にとるときの楽しみとなれば幸いである．

最後に，本改訂版のためにご尽力いただいた，朝倉書店編集部の方々に心から感謝したい．

2015年2月

著　者

目　　次

1　コンピュータの基本構成

現在のコンピュータの主流は，**逐次制御方式**あるいは**プログラム内蔵方式**と呼ばれるコンピュータ，すなわち**ノイマン型コンピュータ** [*1] である．本章では，このノイマン型コンピュータのハードウェア構造，ソフトウェアとハードウェアの階層，ハードウェアの設計技術について概観し，それぞれの視点から本書で扱う範囲・内容を明らかにする．

1.1　コンピュータのハードウェア構造

コンピュータのハードウェアはその**本体**と**入出力装置**からなる．また，コンピュータ本体は**プロセッサ**および**メインメモリ**と呼ばれるブロックによって構成される．さらに，プロセッサは**演算部**と**制御部**で構成される．これらの関係は，図 1.1 のように表される．以下，これらの各ブロックについて説明する．

プロセッサ (processor) は，**中央処理装置**または **CPU** (central processing unit) とも呼ばれる．その内部で，ソフトウェアから指示される命令に従って各種の演算を実行するのが演算部である．プロセッサに与えられる命令は**機械語命令**と呼ばれ，0 または 1 のビット列で表現される．そのようなビット列を格納し，読み出すことができる装置を**メモリ**または**記憶装置**という．演算部では，記憶装置から記憶装置へデータを転送しながら演算が行なわれる．

例えば，37×29 という計算を実現するために，図 1.2 に示すようなハード

---

*1) ジョン・フォン・ノイマン (John von Neumann) によって 1946 年に提案された構成方式に基づくコンピュータをいう．なお，“現在のコンピュータの原型を発明したのは本当は誰か？” といった話題は，たいへん興味深いが本書では省略する．例えば文献 [9] などを参照されたい．

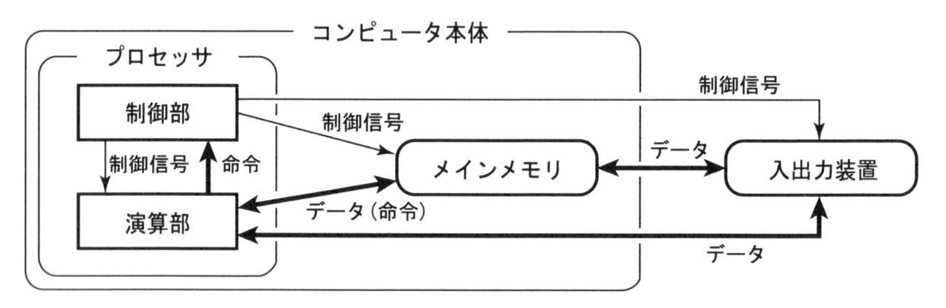

図 1.1 コンピュータの構成

ウェアが用意されているとしよう．記憶装置 A に値 37 を格納しておき，記憶装置 B には値 0 を格納しておく．二つの記憶装置 A, B の値を同時に演算装置へ転送し，それらの値の加算結果を記憶装置 B が受け取るといった操作を 29 回繰り返せば，計算結果 $37 \times 29 = 1073$ が記憶装置 B に格納される．このように，データ転送を伴って演算が実行されることから，演算部をデータの通り道という意味で**データパス** (data path) ともいう．

この例の場合，記憶装置は**レジスタ** (register)，演算装置は**加算器** (adder) と呼ばれる．これらのレジスタや加算器のように，特定の機能を実現する独立性の高い部品を**機能モジュール** (functional module) と呼ぶ．

上記の 37×29 の計算方式は，データ転送を実行する命令を，ソフトウェアが 29 回繰り返しハードウェアに指示すれば実現できる．ところが，仮に記憶装置 A に値 37，記憶装置 B に値 29 をそれぞれ格納し，演算装置に二つの入力値の乗算を直接実行する**乗算器**と呼ばれる機能モジュールを用いれば，1 回のデータ転送で乗算結果が記憶装置 B に得られる．この方式では，計算結果が高速に得られ，ソフトウェアがハードウェアにデータ転送 1 回分の命令だけを指示すればよいという利点がある．しかしその反面，じつは乗算器を構成するために加算器よりも多くのハードウェア量を必要とするという欠点もある．また加算器は，上記のように加算だけでなく乗算にも応用できるが，乗算器は乗

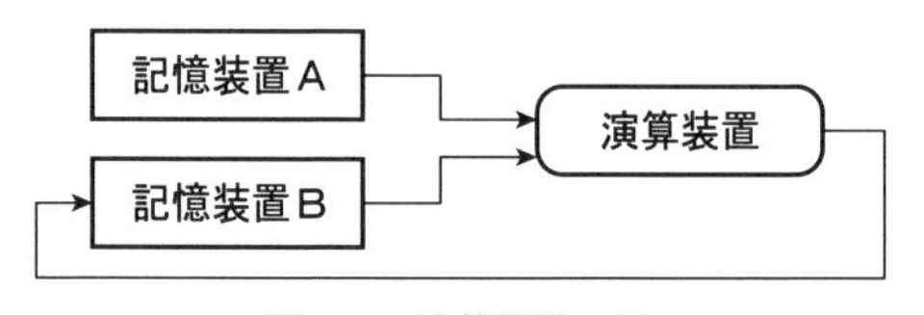

図 1.2 演算機構の例

算に特化した使用しかできない.

このように，演算部の方式の違いはハードウェアとソフトウェアのトレードオフ (trade-off) [*2] をもたらす．すなわち，演算部を構成するハードウェアの分担を増やせば計算効率は向上するが，ソフトウェアで柔軟に計算機構を実現するという意味での汎用性が低下する．逆にソフトウェアの分担を増やせば，少ないハードウェアで汎用性の高い計算機構を実現できるが，本質的にハードウェア量に依存した計算能力は低下する．演算部の構成方式や仕様は**演算アーキテクチャ**と呼ばれ，このようなトレードオフを踏まえて決定される.

プロセッサを構成するもう一つのブロックである制御部 (controller) は，指示された機械語命令を解析して命令の種類・対象を特定し，対応する演算や入出力操作のための制御信号を適宜出力する．機械語命令は，プログラムとしてメモリに格納されており，演算部を経由して一つずつ制御部へ転送される．制御部の構成方式や仕様を**制御アーキテクチャ**と呼ぶ．演算アーキテクチャと同様に，制御アーキテクチャの違いは，制御部の動作に係わるハードウェアとソフトウェアのトレードオフを生む.

メインメモリ (main memory) はデータの読み書きが可能な半導体記憶装置である．**主記憶装置**とも呼ばれる．メインメモリには機械語命令の列である機械語プログラムとデータが格納される．プロセッサは，メインメモリから機械語命令を取り込んで解析して実行するという動作を繰り返す．これがノイマン型コンピュータの基本動作である．メインメモリのデータは必要に応じてプロセッサへ転送され，また逆にプロセッサの演算結果がメインメモリへ転送される．メインメモリと入出力装置とのあいだでもデータ転送が実行される.

入出力装置は，**入力装置**，**出力装置**，**補助記憶装置**（**二次記憶装置**）の総称である．入力装置はキーボードやスキャナなどを指す．出力装置の典型はディスプレイやプリンタなどである．補助記憶装置は，メインメモリでは格納できない多量のデータを保管可能な，ハードディスクや光磁気ディスクなどのメモリである．入出力装置に関する構成方式・仕様を**入出力アーキテクチャ**と呼ぶ.

通常，プロセッサ内部にあるレジスタ間のデータ転送速度と較べて，プロセッ

[*2] 一方を増大させれば，もう一方が減少するといった 2 者の関係をいう.

サとメインメモリのあいだのそれは二桁程度小さく，さらにメインメモリと補助記憶装置のあいだでは四桁から五桁程度小さい．このように，メモリとしての容量が大きく転送速度が小さい記憶装置へ，より多くのデータを保管する仕組みを**記憶階層**という．そして，それを効果的に機能させるための構成方式・仕様を**メモリアーキテクチャ**と呼ぶ．

以上のコンピュータ構成ブロックのうち，本書ではコンピュータ本体，特にプロセッサの構成と設計を中心に解説する．具体的には COMET II をモデルとして演算アーキテクチャと制御アーキテクチャについて扱う．入出力アーキテクチャについても簡単に触れるが，メモリアーキテクチャについては他書に譲る．例えば，文献[1)4)26)27)28)]などを参照されたい．なお，一般的に，メインメモリのことを単にメモリと呼ぶことが多い．本書でもこれ以降，特に混乱がない限りそのように称することにする．

1.2　ソフトウェアとハードウェアの階層

前節の乗算命令の例からわかるように，コンピュータが備える命令の種類や数は，その構成，設計，特性を決定する大きな要因となる．コンピュータが備える命令仕様の一覧は，**命令セットアーキテクチャ**と呼ばれる．命令セットアーキテクチャはソフトウェアとハードウェアの境界仕様である[4)]．この境界において，ソフトウェアは何らかの作業を達成するための機械語命令の系列，すなわち**機械語プログラム**として実現される．またハードウェアは，命令の具体的な対象である機能モジュールや制御機構をこの境界で提供する．

機械語プログラムは，通常，図 1.3 のように抽象度の異なるいくつかの論理的階層を経て生成される．最も抽象度の高い階層レベルは，**アルゴリズムレベル**である．この階層では，対象となる問題がコンピュータで処理できるデータ形式とアルゴリズムで記述される．そのアルゴリズムを具体的なプログラミング言語でコーディングして得られるのが**高級言語**レベルのプログラムである．このレベルまでは，コンピュータ固有の命令セットアーキテクチャとは無関係に論理が記述される．さらに，高級言語で記述されたプログラムをコンパイラで処理して**アセンブリ言語**レベルのソフトウェア階層が得られる[10)]．この階層で

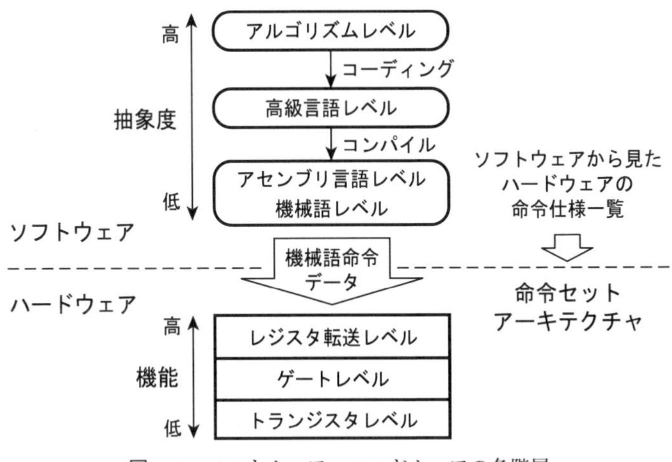

図 **1.3**　ソフトウェア・ハードウェアの各階層

は，プログラムはコンピュータ固有の命令セットアーキテクチャに含まれる機械語命令と一対一に対応する命令コードで記述される．それはニモニックコードと呼ばれる．すなわちコンパイラは，抽象度の高い高級言語のコードを機械語命令と同等の抽象度を持つニモニックコードに分解する．コンパイラの設計では，高級言語の仕様とコンピュータ固有の命令セットアーキテクチャの両方を意識する必要がある．ニモニックコードによるアセンブリプログラムは，アセンブラによってコンピュータが解釈・実行可能な機械語プログラムへ変換される．

一方，命令セットアーキテクチャを実現するハードウェアも，その構成をどのような抽象度で捉えるかによって，いくつかの階層レベルで表現できる．ソフトウェアでは，ハードウェアとの境界にある機械語レベルが最も抽象度の低い階層となっているが，ハードウェアでは逆に，ソフトウェアとの境界にあるレジスタ転送レベルが最も抽象度の高い階層になっている．レジスタ転送レベルでは，レジスタ，演算装置，メモリなどの機能モジュールでコンピュータの構成を捉える．それらの機能モジュールを論理ゲートで構成し，コンピュータ全体を論理回路のシステムとして捉えるのがゲートレベルの階層である．さらに，それらの論理ゲートをトランジスタで構成し，コンピュータ全体をトランジスタ回路のシステムとして捉えるのがトランジスタレベルの階層である．

本書の内容は，以上のソフトウェアおよびハードウェアの階層のうち，アセンブリ言語レベル，機械語レベル，レジスタ転送レベル，ゲートレベルの四つの階層に関係する．アセンブリ言語レベルと機械語レベルに関連した内容は，第 2 章で取り扱う．モデルアーキテクチャ COMET II の命令セットアーキテクチャと，それに対応するアセンブリ言語 CASL II について述べ，最も抽象度の低いソフトウェアの階層によって，コンピュータのどのブロックがどのように操作されるのかを明らかにする．また，レジスタ転送レベルとゲートレベルに関連した内容としては，第 3 章で演算部の構成と設計について，第 4 章で制御部の構成と設計について，それぞれ COMET II をモデルにして解説する．

1.3　ハードウェアの発展と設計技術

現在のコンピュータの原型がはじめて世に登場してから半世紀以上が経過しているが，その基本構造と動作原理は全く変化していない．しかしながら，性能については過去数十年間にめざましい発展を遂げている．これは，コンピュータのハードウェアを構成する**半導体集積回路**の急激な進歩に負うところが大きい．

表 1.1 は，インテル社が 1971 年から 2014 年現在までに開発した主なマイクロプロセッサ [*3] のプロセスルール [*4] と動作周波数 [*5] を集計したものである．進歩し続ける半導体微細加工技術がより高度な集積化を可能にし，40 年余りでプロセスルールは 1/500 にまで小さくなった．これは，18 ヶ月で半導体の集積度が 2 倍になるという経験則，ムーアの法則を裏付けるデータとなっている．そして，集積度の向上は動作の高速化を強力に牽引してきた[11)12)]．1971 年から 2000 年前後の約 30 年間で，動作周波数はじつに 1000 倍以上にまで上昇している．2000 年代の中頃からは，動作周波数の上昇は伸び悩んでいるように見えるが，プロセッサ単体の消費電力や発熱の問題を考慮して，性能向上を図るための主要技術がマルチコア・プロセッサへ移行したためである．マルチ

[*3] 1 個の半導体チップ上に集積されたプロセッサをいう．
[*4] 集積回路内のトランジスタの最小加工寸法を表す．この値が小さいほど集積度が高い．
[*5] プロセッサの動作に基本的なタイミングをあたえるクロック信号の周波数をいう．この周波数が高いほどプロセッサの処理能力が高い．

表 1.1　マイクロプロセッサの発展

生産時期	プロセッサ	プロセスルール	動作周波数
1971 ～	4004	10 μm	0.75 MHz
1974 ～	8080	6 μm	2 MHz
1978 ～	8086	3 μm	5 MHz
1982 ～	i80286	1.5 μm	8 MHz
1985 ～	i80386	1.0 μm	16 MHz
1989 ～	i80486	1.0 μm	33 MHz
1993 ～	Pentium	0.8 μm	66 MHz
1997 ～	Pentium II	0.35 μm	300MHz
1999 ～	Pentium III	0.25 μm ～ 0.13 μm	450 MHz ～ 1.4 GHz
2000 ～	Pentium4	180 nm ～ 65 nm	1.3 GHz ～ 3.8 GHz
2005 ～	Pentium D	90 nm ～ 65 nm	2.66 GHz ～ 3.73 GHz
2006 ～	Core 2	65 nm ～ 45 nm	1.06 GHz ～ 3.33 GHz
2008 ～	Core i7	45 nm ～ 22 nm	1.06 GHz ～ 4.0 GHz
2010 ～	Core i3	32 nm ～ 22 nm	1.2 GHz ～ 3.6 GHz

コアは，複数のプロセッサコアを 1 チップに集積して全体として高速化を実現しようとする技術である．

このような高集積化と高速化の利点を生かして，現在では，様々な機能を 1 チップに統合したシステム **LSI** (system LSI) が半導体市場で大きなシェアを占めるようになった．その集積能力は極めて高く，例えば，メモリや入出力機構まで含めたコンピュータシステムを 1 チップで実現することも可能である．スマートフォンやデジタルカメラでは，小型化・高性能化のためにそれぞれの専用システム LSI が不可欠である．今後も様々な応用において，ハードウェアの高性能化に対する要求は止むことがなく，大規模で複雑な半導体集積回路が増々重要な役割を担うものと予想される．

ところで，このように大規模な集積回路を人手で作図して設計することはもはや不可能である．そのため近年では，大規模なデジタル回路の設計手法は，回路図による設計からハードウェア記述言語 (HDL: hardware description language) による設計に移行している．ハードウェア記述言語は，論理回路の構造や動作を記述する言語である．これによって，ソフトウェアのプログラミングと同様にソースコードで論理回路を表現し，それをもとに自動的にハードウェアを構成することが可能になった．代表的なハードウェア記述言語として，**VHDL** や **Verilog-HDL** などがある．

コンピュータの設計には，前節のハードウェア階層と関連して以下のような階層がある．

(1) **方式設計**：コンピュータの方式・仕様の決定

(2) **機能設計**：レジスタ転送レベルのハードウェア設計

(3) **論理設計**：ゲートレベルのハードウェア設計

(4) **回路設計**：トランジスタレベルのハードウェア設計

(5) **レイアウト設計**：回路素子の配置と配線の設計

階層 (1) から (5) の順に設計の抽象度が低くなっている．ハードウェアにおいてもソフトウェアと同様に，抽象度の高い階層から低い階層へ設計が進むことが望ましいと考えられる．そのような設計手法は**トップダウン設計**と呼ばれ，シミュレーションによる**設計検証**[*6)]や**設計時間短縮**などの点で実際に極めて有効であることが知られている．トップダウン設計を支援するため，ある階層の設計データから，それよりも低い階層の設計データを生成する技術が研究されている．例えば，**論理合成**という技術を用いれば，レジスタ転送レベルの設計データから，ゲートレベルの設計データを生成することができる．

しかし実際の論理回路，とりわけ大規模な回路の設計では，すでにある設計資産を組み合わせて，システム全体を設計するという伝統的な手法を採用することも少なくない．そのような場合は，抽象度の低い階層のハードウェア設計を統合して，より高い階層のハードウェア設計を実現することになる．このような設計手法は**ボトムアップ設計**と呼ばれる．

本書では，初学者が無理なく読み進められることを意識して，ボトムアップ設計の考え方に沿ってコンピュータの構成／設計について解説する．すなわち，読者はコンピュータの基本的な部品の構成を理解しながら，それらを統合してより抽象度の高いモジュールを設計する過程を学ぶことになる（第 3 章）．またコンピュータ全体の統合では，最低限の命令だけを実装した極めて簡単なプロセッサの実現からはじめて，段階的に命令・機能を拡張するように議論を進める（第 4 章）．なお，要所ごとに VHDL による回路の設計例を示す．VHDL の詳細な文法などについては文献[13)14)15)16)]などを参照されたい．

---

*6) 設計した論理回路が仕様どおりに正しく動作をするかどうかを確かめること．

2 モデルアーキテクチャ

この章では，本書で取り扱うモデルアーキテクチャ **COMET II** の概要を述べる．はじめに，ハードウェアの仕様と基本的動作を実現する機械語命令について解説する．つぎに，アセンブリ言語の必要性やアセンブラの機能の観点から，COMET II のためのアセンブリ言語 **CASL II** の仕様について述べる．その後，シフト演算命令や COMET II 独自の論理演算命令などについて解説し，最後に，プログラムの実行制御の観点から記憶機構スタックとその周辺について論ずる．

2.1　COMET II のハードウェア仕様

コンピュータは **機械語**（またはマシン語）によって動作する．機械語とはコンピュータが直接理解・実行できる言語である．機械語には命令および命令の対象となるデータがあり，それらはすべて 0 と 1 の並びで記述される．目的の仕事を達成するように組み合わせた機械語の系列を**機械語プログラム**と呼ぶ．コンピュータが，メモリに格納された機械語プログラムの命令系列を順次実行することで仕事が達成される．機械語プログラムを作成する際には，機械語とそれに関連するハードウェアの仕様を意識する必要がある．

2.1.1　機械語の前提となるハードウェア

コンピュータの機械語はそのハードウェア構成に基づいて定義される．COMET II の機械語で想定されるハードウェア構成を図 2.1 に示す．

コンピュータ内部で決められた情報の基本サイズをワード (word) または語と

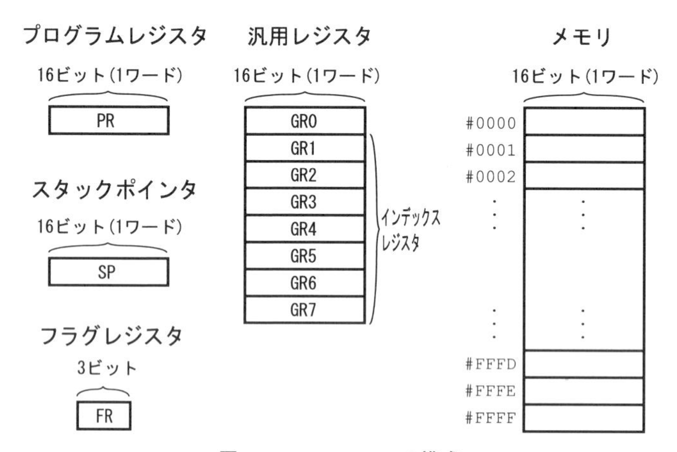

図 2.1　COMET II の構成

いう．COMET II の 1 ワードは 16 ビットである．すなわち，情報を記憶するとき，あるいは転送するとき，16 ビットがそれらの処理の基本単位となる．また，機械語も 16 ビットを基本単位として構成される．

メモリは機械語プログラムを格納する装置である．その容量は 65536 ($= 2^{16}$) ワードであり，各記憶場所は #0000 から #FFFF の 16 進表記で識別される [*1)]．この数値をメモリの**番地**または**アドレス**と呼ぶ．メモリアドレスを保持してプログラムの実行を制御するのが**プログラムレジスタ** PR (program register) である．通常のコンピュータではプログラムカウンタと呼ばれる．プログラムレジスタは，つぎに実行すべき機械語が格納されたメモリアドレスを指定する．プログラムの実行に伴って順次その値に 1 が加えられる．ただし，分岐命令（後述）が実行され，分岐の条件が満たされるときは，分岐先のアドレスがプログラムレジスタに書き込まれる．**汎用レジスタ** (general-purpose register) は，演算実行時に一時的にデータを保持する高速な記憶装置である．COMET II には，GR0 から GR7 の 8 個の汎用レジスタがある．GR1 から GR7 の 7 個の汎用レジスタは，後述のインデックスレジスタとして使用することができる．**フラグレジスタ** FR (Flag Register) は OF (Overflow Flag), SF (Sign Flag), ZF (Zero Flag) の 3 ビットのフラグ（印となる旗の意）から構成される記憶装

---

*1)　本書では 16 進数を #**** と表す．* は 0 ～ 9 の数字または A ～ F の英字である．

置である．演算結果を反映した情報（値の正負や正しさ）を保持する．スタックポインタ SP (Stack Pointer) は，スタック（後述）の最上段アドレスを保持する記憶装置である．

2.1.2 機械語プログラムの実行例

COMET II で機械語プログラムが実行される様子を図 2.2 に示す．プログラムは，メモリアドレス #1000 から #1009 までの 10 ワードの領域に格納されている．これは，メモリの #1007 番地に格納された値 #0014（2 進数 0000 0000 0001 0100 の 16 進表記）を汎用レジスタ GR5 に読み込み，これにメモリの #1008 番地の値 #000C を加算した結果をメモリの #1009 番地へ格納するプログラムである．

このプログラムが実行される直前，プログラムレジスタにはこのプログラムとは直接関係のないメモリアドレスの値が格納されている．何らかの方法でこのプログラムの実行開始アドレスがプログラムレジスタに書き込まれ（2.5.1 項参照），プログラムの実行が開始される．この例では #1000 が書き込まれる．

図 2.2 (1) はプログラムの実行開始状態である．プログラムレジスタには値 #1000 が設定されているため，コンピュータはメモリの #1000 番地に格納された機械語 #1050（ビット列 0001 0000 0101 0000 の 16 進表記）を読み出して理解する．ここで，機械語 #1050 は，この機械語に続く “つぎのワードが指定するメモリアドレスに格納された値” を，汎用レジスタ GR5 へ読み込む命令である．機械語の構成の詳細については後述する．

図 2.2 (2) に示す状態では，プログラムレジスタの値は一つ増加して #1001 となり，それが指すメモリアドレスには “つぎのワード #1007” が格納されていることがわかる．コンピュータは，これによって指定される “#1007 番地に格納された値 #0014” を汎用レジスタ GR5 へ読み込む．これら #1050 と #1007 からなる命令のように，2 ワードで一つの操作を表す命令を **2 ワード命令**という．

図 2.2 (3) に示す状態では，プログラムレジスタの値は #1002 となり，コンピュータはメモリの #1002 番地に格納された機械語 #2050 を読み出す．ここで機械語 #2050 は，これに続くつぎのワードが指定するメモリアドレスに

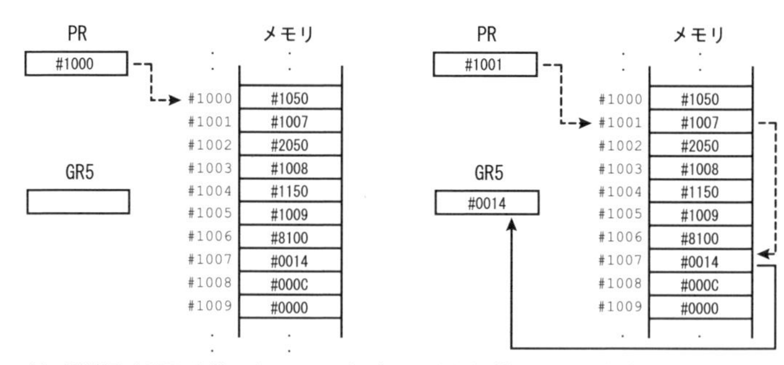

(1) 機械語 #1050 を読み出して，それが，つぎに続くワードの指定するアドレスに格納された値をレジスタ GR5 へ読み込む命令であることを理解した状態

(2) 機械語 #1007 を読み出して，その値が指定するメモリの #1007 番地に格納された値をレジスタ GR5 へ読み込んだ状態

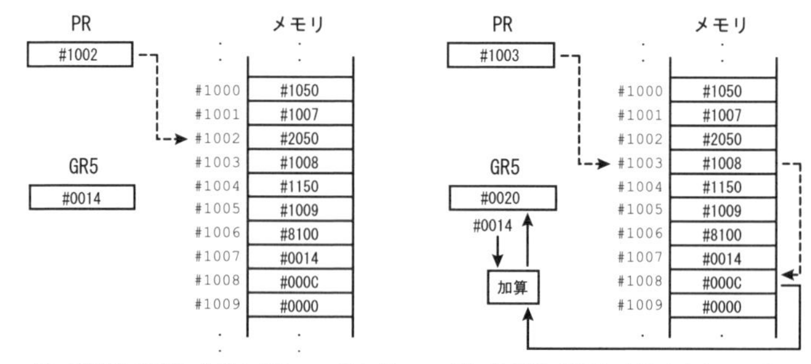

(3) 機械語 #2050 を読み出して，それが，つぎに続くワードの指定するアドレスに格納された値をレジスタ GR5 の値に加算する命令であることを理解した状態

(4) 機械語 #1008 を読み出して，その値が指定するメモリの #1008 番地に格納された値をレジスタ GR5 の値に加算した状態

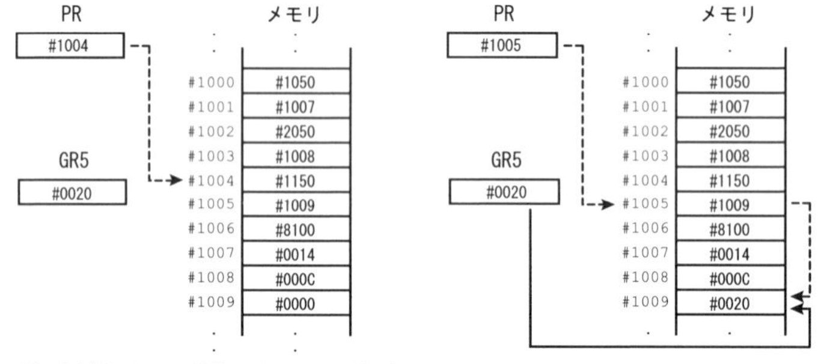

(5) 機械語 #1150 を読み出して，それが，つぎに続くワードの指定するアドレスにレジスタ GR5 の値を書き出す命令であることを理解した状態

(6) 機械語 #1009 を読み出して，その値が指定するメモリの #1009 番地にレジスタ GR5 の値を書き出した状態

図 2.2　COMET II の動作例（#1007 番地の値を GR5 に読み込み，これに #1008 番地の値を加算した結果を #1009 番地へ格納するプログラムの実行）

格納された値と，汎用レジスタ GR5 の値とを加算して，その結果を改めてレジスタ GR5 に格納する命令である．

図 2.2 (4) の状態では，プログラムレジスタの値が一つ増加して #1003 となり，それが指すメモリアドレスにはつぎのワード #1008 が格納されていることがわかる．コンピュータは，これによって指定される #1008 番地に格納された値 #000C と，レジスタ GR5 に格納された値 #0014 を読み出して加算する．加算結果 #0020 は GR5 に格納される．

図 2.2 (5) に示す状態では，プログラムレジスタの値は #1004 となり，コンピュータはメモリの #1004 番地に格納された機械語 #1150 を読み出す．機械語 #1150 は，これに続くつぎのワードが指定するメモリアドレスへ汎用レジスタ GR5 の値を書き出す命令である．

図 2.2 (6) の状態では，プログラムレジスタの値が一つ増加して #1005 となり，それが指すメモリアドレスには，つぎのワード #1009 が格納されていることがわかる．このことから GR5 の値がメモリの #1009 番地に書き出される．

プログラムレジスタの値が #1005 から #1006 になったとき，コンピュータは #1006 番地から機械語 #8100 を読み出す．ここで機械語 #8100 は，プログラムの実行終了を制御する命令である．この命令によって，このプログラムとは無関係な，あらかじめ決定されたメモリアドレスがプログラムレジスタに書き込まれる．その結果，コンピュータはそのアドレスが指定する他の何らかのプログラムへ制御を移す（詳細は 2.5.1 項で述べる）．もし，図 2.2 のプログラムでこの命令がなければ，コンピュータは引き続きメモリの #1008 番地，および #1009 番地に格納された値 #0014 および #000C を読み込み，それらを命令として解釈・実行しようとする．なお，この命令のように 1 ワードで一つの操作を表す命令を **1 ワード命令**という．

2.1.3　命令の形式

上記の例でわかるとおり，機械語プログラムを記述するには，コンピュータの各種命令がどのような機械語として構成されているかを知る必要がある．前述の #1050 と #1007 のような 2 ワード命令は，基本的に図 2.3 の機械語の構成をとる．第 1 ワードの第 8 ビットから第 15 ビットはオペレーションフィール

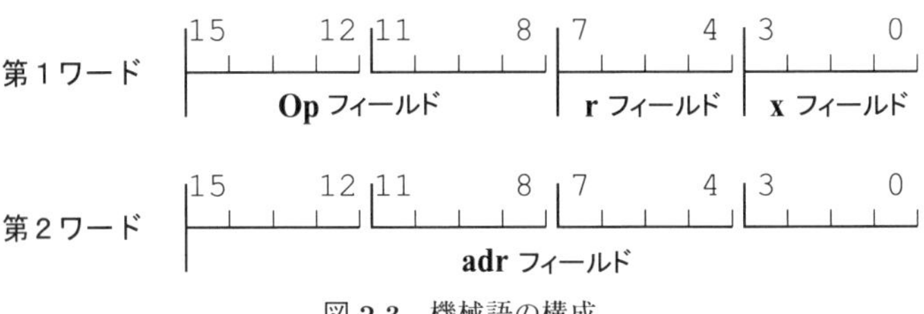

図 **2.3** 機械語の構成

ド（**Op** フィールド）である．各命令に対応したコードが割り付けられる．第1ワードの第4ビットから第7ビットは汎用レジスタフィールド（**r** フィールド）である．命令の対象となる汎用レジスタ GR0 から GR7 に対応して，それぞれの識別コード 0000 から 0111 が割り付けられる．第1ワードの第0ビットから第3ビットは，インデックス（指標）レジスタフィールド（**x** フィールド）である．つぎに述べるアドレス修飾で用いるインデックスレジスタの識別コードが割り付けられる．第2ワードの第0ビットから第15ビットはアドレスフィールド（**adr** フィールド）である．命令の対象となるメモリアドレスが割り付けられる．

アドレス修飾は，命令の対象となるメモリアドレスを変化させる操作である．インデックスレジスタが指定されると，実際に命令の対象となるメモリアドレスは，アドレスフィールドの値にインデックスレジスタに格納されている値を加えた値となる．このアドレスを実効アドレス (effective address) と呼ぶ．インデックスレジスタフィールドには，インデックスレジスタとして使用する汎用レジスタ GR1 から GR7 に対応して，0001 から 0111 が割り付けられる．アドレス修飾しない場合は 0000 が割り付けられる．汎用レジスタ GR0 はインデックスレジスタとして使用できない．

前記の #1050 と #1007 からなる 2 ワード命令の場合，第1ワードは，メモリからレジスタへのデータ転送を表す命令コード 0001 0000 と，転送先レジスタを表す **r** フィールドの識別コード 0101，およびアドレス修飾しないことを表す **x** フィールドの識別コード 0000 をそれぞれ 16 進表示している．第2ワードの **adr** フィールドは，データの転送元メモリアドレス #1007 番地を表している．

ところで，このような機械語の形式は人間にとって非常に了解性が悪い．通常，機械語プログラムの作成過程では，命令の機能を表す簡略語を用いた命令表現が使用される．COMET II では，上記の 2 ワード命令の形式と 1 対 1 に対応して

```
ニモニック   r,adr[,x]
```

で表される命令の記述形式を用いる．ニモニック (mnemonic) は命令の機能を表す略記号である．r には汎用レジスタフィールドに対応するレジスタ GR0 ～ GR7 が記述される．adr にはアドレスフィールドに対応するメモリアドレスが記述される．x にはインデックスレジスタフィールドに対応するレジスタ GR1 ～ GR7 が記述される．[, ·] はインデックスレジスタの指定を省略できることを表している．命令の対象となるレジスタやメモリ領域は，**オペランド** (operand) と呼ばれる．ここでは，r を**第 1 オペランド**，adr[,x] を**第 2 オペランド**という．このような命令の記述レベルを**ニモニックレベル**といい，上記の機械語による直接的な記述レベル，すなわち**機械語レベル**と区別する．

COMET II の 2 ワード命令は，基本的に，第 1 オペランドの汎用レジスタと第 2 オペランドのメモリ領域とのあいだのデータ転送を伴う．このような命令を**メモリ・レジスタ間命令**と呼ぶ．

一方，COMET II の多くの 1 ワード命令は，二つの汎用レジスタを対象とする．そのニモニックレベルの命令形式は

```
ニモニック   r1,r2
```

である．この場合，r1 が第 1 オペランド，r2 が第 2 オペランドとなる．r1 と r2 には汎用レジスタ GR0 ～ GR7 が記述される．これらの 1 ワード命令は，第 1 オペランドの汎用レジスタと第 2 オペランドの汎用レジスタとのあいだのデータ転送を伴う．このような命令を**レジスタ間命令**と呼ぶ．

2.2 基本的な命令

2.2.1 COMET II の命令

上記のような機械語プログラムの作成に必要な命令の一覧は，**命令セットアーキテクチャ** (instruction-set architecture) または単に**命令セット**と呼ばれる．命令セットアーキテクチャは，コンピュータにおけるソフトウェアとハードウェ

アの境界仕様であり，ソフトウェアから見たハードウェアの機能を定義する．狭義の“コンピュータアーキテクチャ”はこの命令セットアーキテクチャを指す．

本書では，基本的にニモニックレベルの記述でCOMET II の命令セットを取り扱う．機械語レベルの記述との対応関係は，後述の機械語の構成表（表2.2）を参照されたい．

COMET II の仕様には38個の命令が定義されている．それらは以下の8種類に大別される．

(1) ロード，ストア，ロードアドレス命令
(2) 算術，論理演算命令
(3) 比較演算命令
(4) シフト演算命令
(5) 分岐命令
(6) スタック操作命令
(7) コール，リターン命令
(8) その他 (ノーオペレーション命令，スーパバイザコール命令)

これらの命令のうち (1), (2), (3), (4) に分類される命令の多くでは，実行結果に対応してフラグレジスタの三つのフラグ OF, SF, ZF の値が変わる．SF は得られた結果の値の符号が負のとき 1 となり，それ以外のとき 0 となるのが原則である．ZF は得られた結果の値が #0000 のとき 1 となり，それ以外のとき 0 となるのが原則である．OF は命令ごとに設定が異なる．フラグレジスタの値は (5) の分岐命令の分岐条件になる．

以下ではまず，COMET II で動作するプログラムの記述に必要な基本的命令について解説する．具体的には，上記 (1) の全3命令，(2) の算術演算，論理積，論理和，排他的論理和命令，(3) の算術比較命令，(5) の全6命令，(7) のリターン命令を取り上げて，ニモニックレベルの記述と機能について説明する．それ以外の命令については，2.4節で解説する．

2.2.2 ロード，ストア，ロードアドレス命令

ロード (LoaD) 命令は，二つの汎用レジスタのあいだで，またはメモリとレジスタのあいだでデータを転送する命令である．いずれの場合もニモニックは

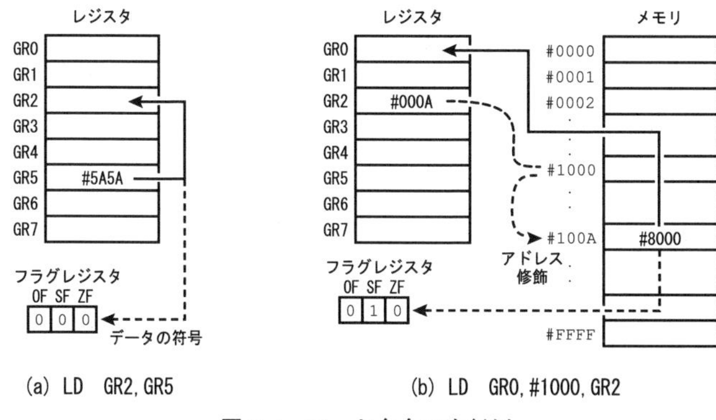

図 **2.4** ロード命令の実行例

LD で表現されるが，オペランドの書式は異なる．機械語レベルではそれらは別の命令として定義される（後述の表 2.2 参照）．レジスタ間の転送では，第 1 オペランドに受信側レジスタ，第 2 オペランドに送信側レジスタをそれぞれ記述する．一方，メモリ・レジスタ間の転送では，第 1 オペランドに受信レジスタ，第 2 オペランドに送信メモリアドレスおよびインデックスレジスタをそれぞれ記述する．

図 2.4 (a) にレジスタ間ロード命令

```
LD   GR2,GR5
```

の実行例を示す．送信側レジスタ GR5 から受信側レジスタ GR2 へデータが転送される．GR5 から転送されたデータは，命令実行前と同様に GR5 にも保持される．すなわち，命令によって GR5 の内容が GR2 に複写されることに注意する．同図 (b) はメモリ・レジスタ間ロード命令

```
LD   GR0,#1000,GR2
```

の実行例である．メモリアドレス #1000 はインデックスレジスタ GR2 によってアドレス修飾されるため，実効アドレスは$\#1000 + (\mathrm{GR2}) = \#1000 + \#000\mathrm{A} = \#100\mathrm{A}$ となる．ただし (·) はレジスタが格納する値を意味する．命令によって #100A 番地の値 #8000 がレジスタ GR0 に複写される．

ロード命令では，転送された値を実行結果の値と考える．図 2.4 (a) では転送された値の符号は正であるため，フラグレジスタ SF および ZF は 0 となる．しかし，同図 (b) では転送された値の符号は負であるから SF が 1 へ変

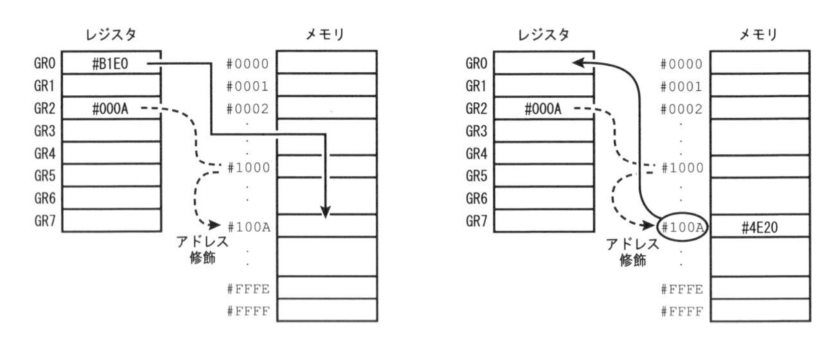

図 **2.5** ストア命令とロードアドレス命令の実行例

わっている．なお，ロード命令では OF はつねに 0 に設定される．

ストア (STore) 命令は第 1 オペランドのレジスタから第 2 オペランドのメモリへデータを転送（複写）する命令である．ニモニックは ST で表される．図 2.5 (a) にストア命令

```
ST   GR0,#1000,GR2
```

の実行例を示す．ストア命令ではフラグレジスタは変化しない．

ロードアドレス (Load ADdress) 命令は，第 2 オペランドのメモリアドレスとインデックスレジスタで計算される実効アドレスを，第 1 オペランドのレジスタに転送する命令である．ニモニックは LAD で表される．図 2.5 (b) にロードアドレス命令

```
LAD   GR0,#1000,GR2
```

の実行例を示す．実効アドレスに格納された値 #4E20 ではなく，実効アドレス #100A そのものがレジスタ GR0 に書き込まれることに注意する [*2]．ロードアドレス命令ではフラグレジスタは変化しない．

---

*2) LAD 命令は，実効アドレス値をそのまま汎用レジスタに格納する命令であり，メモリと汎用レジスタのあいだでデータ転送する命令ではない．また，二つの汎用レジスタのあいだでデータ転送する命令でもない．したがって，厳密にいえば，LAD 命令はメモリ・レジスタ間命令でもレジスタ間命令でもないと考えられるが，本書では便宜上 LAD 命令をメモリ・レジスタ間命令に分類する．

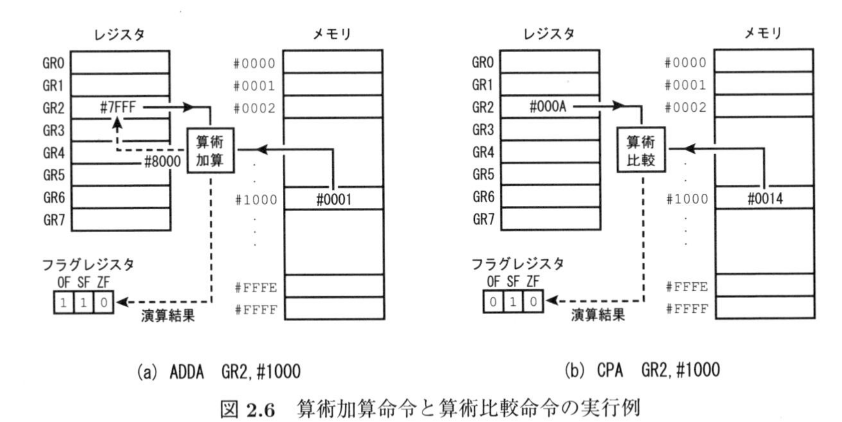

図 **2.6** 算術加算命令と算術比較命令の実行例

2.2.3 算術，論理演算命令

算術演算命令には，**算術加算** (ADD Arithmetic) 命令および**算術減算** (SUBtract Arithmetic) 命令がある．算術加算（減算）命令は，第 1 オペランドの指定領域に格納された値と（から)，第 2 オペランドの指定領域に格納された値を加算（減算）し，得られた結果を再び第 1 オペランドの指定領域に格納する命令である．算術演算および後述の算術比較では，演算の対象となる値は，すべて **2 の補数表現**（付録 A.1 節参照）による**符号つき 2 進数**と見なす．演算結果が -32768 から 32767 に収まらなかったとき，その現象を**オーバフロー** (overflow) と呼ぶ．そのときフラグレジスタの OF が 1 になる．算術演算命令にはレジスタ間命令とメモリ・レジスタ間命令の両方がある．算術加算命令および算術減算命令のニモニックは，それぞれ ADDA および SUBA で表される．図 2.6 (a) に算術加算命令

```
ADDA  GR2,#1000
```

の実行例を示す．

論理演算命令には，**論理加算** (ADD Logical) 命令，**論理減算** (SUBtract Logical) 命令，**論理積** (AND) 命令，**論理和** (OR) 命令，**排他的論理和** (eXclusive OR) 命令がある．論理加算，減算命令については，2.4.3 項で述べる．

論理積（論理和，排他的論理和）命令は，第 1 オペランドの指定領域に格納された値と第 2 オペランドの指定領域に格納された値との論理積（論理和，排他的論理和）をビットごとにとり，得られた結果を再び第 1 オペランドの指定領域域に格納する命令である．フラグレジスタの OF はつねに 0 に設定される．論理積命令，論理和命令，排他的論理和命令にはレジスタ間命令とメモリ・レジスタ間命令の両方がある．それぞれの命令のニモニックは，AND, OR, XOR で表される．

2.2.4 算術比較命令

比較演算命令には，**算術比較** (ComPare Arithmetic) 命令と**論理比較** (ComPare Logical) 命令がある．論理比較命令については，2.4.3 項で述べる．

算術比較命令は，第 1 オペランドの指定領域に格納された値と，第 2 オペランドの指定領域に格納された値との大小関係を比較する命令である．第 1 オペランドの指定領域の格納値よりも第 2 オペランドの指定領域の格納値の方が大きいとき，フラグレジスタの SF の値が 1 となる．第 1 オペランドの指定領域の格納値と第 2 オペランドの指定領域の格納値が等しいとき，フラグレジスタの ZF の値が 1 となる．結果はフラグレジスタだけに反映される．フラグレジスタの OF にはつねに 0 が設定される．レジスタ間命令とメモリ・レジスタ間命令の両方があり，ニモニックはともに CPA で表される．図 2.6 (b) に算術比較命令

```
CPA   GR2,#1000
```

の実行例を示す．

2.2.5 分 岐 命 令

分岐命令は，ノイマン型コンピュータのプログラム処理の流れを意図的に変えるために必要不可欠な命令である．命令がプログラムレジスタの値を強制的に書き換えることで，プログラムの処理の流れが分岐する．

分岐命令には，**条件つき分岐** (conditional JUMP) 命令 と**無条件分岐** (unconditional JUMP) 命令 がある．

COMET II の条件つき分岐命令には，**正分岐** (Jump on PLus) 命令，**負分岐** (Jump on MInus) 命令，**非零分岐** (Jump on Non Zero) 命令，**零分岐** (Jump on ZEro) 命令，**オーバフロー分岐** (Jump on OVerflow) 命令がある．ニモニックはそれぞれ JPL, JMI, JNZ, JZE, JOV で表される．条件つき分岐命令では，

表 2.1 分岐条件が成立するときの FR の値

命令	OF	SF		ZF
JPL		0	&	0
JMI		1		
JNZ				0
JZE				1
JOV	1			

フラグレジスタ FR の各値 OF, SF, ZF によってそれぞれの分岐条件が成立するかどうかを判断する．分岐条件が満たされているとき，第 2 オペランドのメモリアドレスとインデックスレジスタで計算される実効アドレスを，分岐先アドレスとしてプログラムレジスタに書き込む．分岐条件が成立しないときには，つぎに続く命令が実行される．第 1 オペランドの記述はつねに省略される．

表 2.1 に各条件つき分岐命令の分岐条件が成立するときの FR の値を示す．例えば，フラグレジスタの値が (OF, SF, ZF) = (0, 1, 0) のとき，負分岐命令

```
JMI   #1000,GR4
```

が実行されれば，アドレス #1000 にインデックスレジスタ GR4 の値を加算した値 #1000 + (GR4) が分岐先アドレスとしてプログラムレジスタに格納される．

一方，無条件分岐命令はフラグレジスタの値とは無関係にプログラムレジスタを実効アドレスで書き換える．この命令の実行によって必ずプログラムの処理の流れが変わる．ニモニックは JUMP で表される．オペランドの記述は条件つき分岐命令と同じである．

2.2.6 リターン命令

リターン (RETurn from subroutine) 命令は，プログラムの実行の終了を制御する命令である．

すでに，2.1.2 項で述べたように，プログラムの実行が終了したときには，プログラムレジスタの内容を，あらかじめ指定したメモリアドレスに書き換える必要がある．そうでなければ，コンピュータは実行終了時のプログラムレジスタの値に続くアドレスを参照して実行しようとする．書き込まれるアドレス情報は，プログラムの実行前に特定のメモリ領域に保管される（詳細は 2.5 節で

述べる）．このとき，そのメモリ領域のアドレス情報は，スタックポインタに格納される．リターン命令は，スタックポインタが指すメモリ領域に保管されたアドレス情報でプログラムレジスタを書き換える機能を持つ．

2.1.2 項の例からわかるとおり，機械語は #8100 である．ニモニックは RET で表される．オペランドはつねに省略される．すなわち，リターン命令は

```
RET
```

だけで記述される．リターン命令はサブルーチン（後述）においても同様の機能を果たす．

2.3　アセンブリ言語 CASL II

前節では，COMET II の基本的な命令をニモニックレベルで説明した．このニモニックレベルの命令の一覧に，ラベルによる相対アドレスの記述機能や，プログラミングのための独自命令を追加した言語がアセンブリ言語である．本節では，アセンブリ言語の必要性，アセンブラの働き，データの入出力といった観点から，COMET II のためのアセンブリ言語 CASL II の概要を説明する．

2.3.1　アセンブリ言語の役割

ニモニックレベルの命令によれば，前節の図 2.2 の機械語プログラムは

```
LD    GR5,#1007
ADDA  GR5,#1008
ST    GR5,#1009
RET
```

という命令の系列と，命令の対象となるデータ #0014 および #000C で表現できる．この命令系列と一意に対応する機械語を生成すれば，機械語プログラムの作成は比較的容易であると思われるかもしれない．しかし，上記命令のオペランドであるメモリアドレス#1007, #1008, #1009 は直ちに決定された訳ではない．すなわち，図 2.7 のような，メモリアドレスと機械語との対応付けが必要である．

図 2.7(1) では，各命令のニモニックに対する機械語を対応付けている．ま

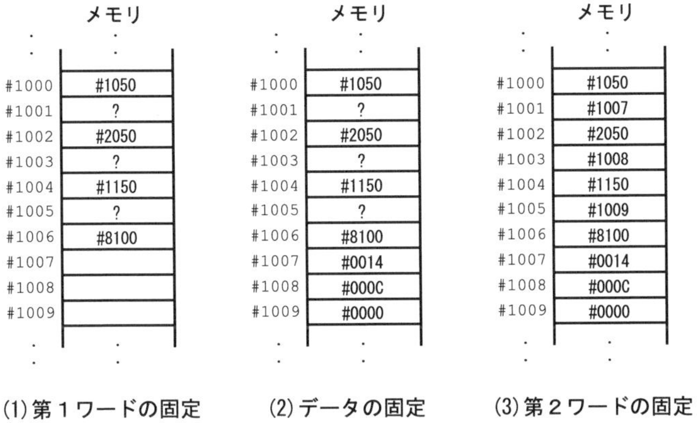

アドレス	(1) 第１ワードの固定 メモリ	(2) データの固定 メモリ	(3) 第２ワードの固定 メモリ
#1000	#1050	#1050	#1050
#1001	?	?	#1007
#1002	#2050	#2050	#2050
#1003	?	?	#1008
#1004	#1150	#1150	#1150
#1005	?	?	#1009
#1006	#8100	#8100	#8100
#1007		#0014	#0014
#1008		#000C	#000C
#1009		#0000	#0000

(1) 第１ワードの固定　(2) データの固定　(3) 第２ワードの固定

図 **2.7**　機械語プログラムの配置

ず，プログラムの実行開始アドレスを #1000 と決定する．上記の LD, ADDA, ST 命令は 2 ワード命令であるから，それぞれ 1 ワード分の領域をあらかじめ余分に確保しながら機械語を対応付ける．#1000 番地に LD 命令，#1001 番地を空けて，#1002 番地に ADDA 命令，#1003 番地を空けて，#1004 番地に ST 命令，#1005 番地を空けて，#1006 番地に RET 命令とそれぞれ対応付けられる．つぎに，図 2.7 (2) では，演算対象となる数値を格納するメモリ領域と，結果を書き出すメモリ領域を決定している．数値 #0014 をメモリ番地 #1006 のつぎの #1007 番地へ，数値 #000C をそれに続く #1008 番地へそれぞれ対応付ける．結果を書き出すメモリのアドレスは #1009 となる．本書では，このようなメモリ領域の初期値に #0000 を設定しておくものとする．図 2.7 (3) では，各命令の操作対象であるメモリアドレスの値を，あらかじめ確保してあった領域に対応付けている．

このような機械語プログラムの作成過程は明らかに煩雑である．そこで，通常，アセンブリプログラム (assembly program) と呼ばれるプログラムが機械語プログラムを作成する前段階で記述される．アセンブリプログラムは，アセンブリ言語 (assembly language) の言語仕様に基づいたニモニックレベルの命令系列として記述される．記述されたプログラムは翻訳ソフトウェア，アセンブラ (assembler) によって機械語プログラムに変換される．この作業をアセンブル (assemble) と呼ぶ．またこの場合，アセンブリプログラムをソースコード

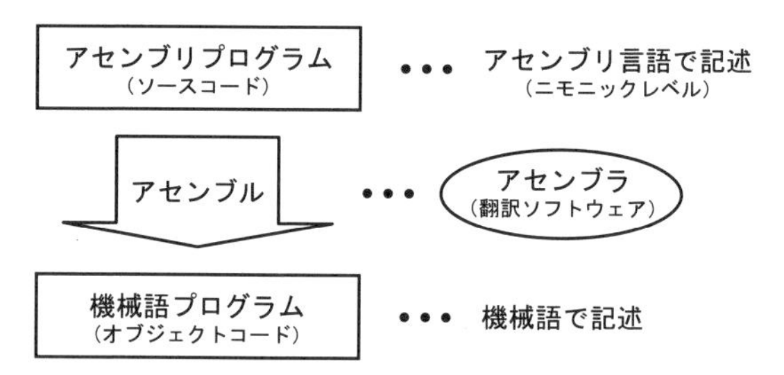

図 **2.8**　アセンブリプログラムから機械語プログラムへの翻訳

(source code)，機械語プログラムをオブジェクトコード (object code) とも呼ぶ．図 2.8 にアセンブルの概念を示す．

アセンブリ言語 CASL II の命令の書式は

[ラベル]　ニモニック　[オペランド] [; コメント]

である．[·] はその記述を省略しうることを表す．

上記の機械語プログラムに対するアセンブリプログラムは，例えば以下のように記述される．

<プログラム 1>

```
行番号 ラベル    ニモニック オペランド       コメント
 1     PLUS      START                      ;
 2               LD        GR5,Data1        ; データ読込み
 3               ADDA      GR5,Data2        ; データ加算
 4               ST        GR5,Result       ; データ書出し
 5               RET                        ; 実行終了
 6     Data1     DC        20               ; データ格納
 7     Data2     DC        12               ; データ格納
 8     Result    DS        1                ; データ領域確保
 9               END                        ;
```

このプログラムの LD, ADDA, ST のように COMET II のニモニックレベルの命令がそのままアセンブリ言語の命令として使用できる．ただし，多くの場合，命令の対象となるメモリアドレスの記述にはアドレスを間接的に表す記号，ラベル (label) が用いられる．このプログラムの PLUS, Data1, Data2, Result がラベルである．ラベルを使うことによって，プログラマはメモリの実際のアドレスと機械語の対応関係を意識することなくプログラミングすることができ

る．実際のメモリアドレスを**絶対アドレス**と呼び，これに対してラベルを**記号アドレス**と呼ぶ．

行番号 1 の START, 行番号 9 の END, 行番号 6, 7 の DC, 行番号 8 の DS は**アセンブラ命令**と呼ばれる．それらは機械語レベルの命令とは直接対応しない．アセンブラ命令は以下に述べるように，プログラムの範囲を宣言し，数値データやメモリ領域の設定に関する指示をアセンブラに与える．

START 命令はアセンブリプログラムのはじまりを定義する．オペランドにプログラムの実行開始番地を指定することもできる．START 命令の前に付いたラベルは省略することはできない．これはプログラムの名前を表す．すなわち，上記のプログラム名は PLUS である．一方，END 命令はアセンブリプログラムの終わりを定義する．

DC 命令は，オペランドに記述された定数をメモリの然るべきアドレスに格納することを表す．ラベルがそのアドレスに対応する．定数は 10 進数でも 16 進数でも記述できる．行番号 6, 7 では，ラベル Date1, Data2 に値 20(#0014), 12(#000C) がそれぞれ格納されることを表している．

DS 命令は，オペランドに記述されたワード数のメモリ領域を確保することを表す．ラベルがメモリ領域の先頭のアドレスに対応する．ワード数は 10 進数で指定する必要がある．ワード数指定が 0 ならば，領域は確保されないがラベルは有効である．

なお，アセンブリ言語 CASL II の詳細な仕様については，情報処理技術者試験センターの Web ページや各種参考書などを参照されたい．

2.3.2　アセンブラ

アセンブラの具体的な役割は，アセンブリプログラムのラベルと実際のメモリアドレスとを対応付け，ニモニックレベルの命令から機械語のビット系列を生成することである．ここでは，**2 パスアセンブラ**と呼ばれるアセンブラの動作について説明する．

2 パスアセンブラでは，アセンブリプログラムの命令を 2 回走査する．1 回目の走査（1 パス目）で**ラベル – メモリアドレス対応表**を作成する．2 回目の走査（2 パス目）では，1 回目に作成した対応表と機械語の構成表とを用いて

表 2.2 COMET II の機械語の構成

命	令	機械語 第 1 ワード	機械語 第 2 ワード
NOP		#0000	—
LD	r,adr[,x]	#10**	#****
ST	r,adr[,x]	#11**	#****
LAD	r,adr[,x]	#12**	#****
LD	r1,r2	#14**	—
ADDA	r,adr[,x]	#20**	#****
SUBA	r,adr[,x]	#21**	#****
ADDL	r,adr[,x]	#22**	#****
SUBL	r,adr[,x]	#23**	#****
ADDA	r1,r2	#24**	—
SUBA	r1,r2	#25**	—
ADDL	r1,r2	#26**	—
SUBL	r1,r2	#27**	—
AND	r,adr[,x]	#30**	#****
OR	r,adr[,x]	#31**	#****
XOR	r,adr[,x]	#32**	#****
AND	r1,r2	#34**	—
OR	r1,r2	#35**	—
XOR	r1,r2	#36**	—
CPA	r,adr[,x]	#40**	#****
CPL	r,adr[,x]	#41**	#****
CPA	r1,r2	#44**	—
CPL	r1,r2	#45**	—
SLA	r,adr[,x]	#50**	#****
SRA	r,adr[,x]	#51**	#****
SLL	r,adr[,x]	#52**	#****
SRL	r,adr[,x]	#53**	#****
JMI	adr[,x]	#610*	#****
JNZ	adr[,x]	#620*	#****
JZE	adr[,x]	#630*	#****
JUMP	adr[,x]	#640*	#****
JPL	adr[,x]	#650*	#****
JOV	adr[,x]	#660*	#****
PUSH	adr[,x]	#700*	#****
POP	r	#71*0	—
CALL	adr[,x]	#800*	#****
RET		#8100	—
SVC	adr[,x]	#F00*	#****

機械語プログラムを生成する．表 2.2 に COMET II の機械語の構成表を示す．ただし，COMET II の機械語構成は正式に規定されていないため，本書では情

表 **2.3** ラベル – アドレス対応表

ラベル	アドレス
PLUS	#1000
Data1	#1007
Data2	#1008
Result	#1009

報処理技術者試験センターの参考資料をもとに，独自にこれらの機械語を決定している．

例として，アセンブリプログラム 1 のアセンブルを考える．1 回目の走査では，プログラムの各命令に対応するメモリアドレスを特定する．以下に，アセンブリプログラムと変換後の機械語プログラムの対応関係を示す．'|' の右側がメモリアドレスと機械語である．すでに前項で述べた手順と同様にして，各命令についたラベルに対応するアドレスが表 2.3 のように決定する．プログラムの名前を表すラベル "PLUS" は，一番はじめの機械語が格納されたメモリアドレスに対応付られる．2 回目の走査では，ラベル – アドレス対応表と機械語の構成表を参照してアセンブリプログラムを機械語プログラムに翻訳する．

```
<プログラム 1' >
行番号  ラベル     ニモニック  オペランド       アドレス: 機械語
 1      PLUS       START                      |
 2                 LD         GR5,Data1       |  #1000: #1050 #1007
 3                 ADDA       GR5,Data2       |  #1002: #2050 #1008
 4                 ST         GR5,Result      |  #1004: #1150 #1009
 5                 RET                        |  #1006: #8100
 6      Data1      DC         20              |  #1007: #0014
 7      Data2      DC         12              |  #1008: #000C
 8      Result     DS         1               |  #1009: #0000
 9                 END                        |
```

もう一つのアセンブルの例として，1 から 10 までの整数の総和を計算してレジスタ GR0 へ格納するプログラムを考える．以下にアセンブリプログラムと機械語プログラムを示す．行番号 2, 3 でレジスタ GR0, GR1 が値 0 で初期化される．行番号 4 で GR1 の値が 1 インクリメントされる．行番号 5 で GR0 の値に GR1 の値が加えられる．行番号 6 では，GR1 の値とラベル Num に

表 **2.4** ラベル – アドレス対応表

ラベル	アドレス
SUM	#1000
LOOP	#1004
QUIT	#100D
Num	#100E

格納される値とが比較される．二つの値が等しければ，行番号 7 から行番号 9 のラベル QUIT へ制御がジャンプして実行が終了する．GR1 の値の方が小さければ，行番号 8 から行番号 4 のラベル LOOP へ制御がジャンプして，GR1 のインクリメントと GR0 への累積が繰り返される．

アセンブラの 1 回目の走査でラベル "SUM", "LOOP", "QUIT", "Num" とメモリアドレスとの対応が特定される（表 2.4）．命令とアドレスの対応付けで，行番号 5 の 1 ワード命令 ADDA GR0,GR1 には，メモリアドレスが 1 ワード分だけ割り当てられることに注意されたい．対応表は，2 回目の走査において CPA, JZE, JUMP の各命令のオペランドで参照される．

```
＜プログラム 2＞
行番号  ラベル    ニモニック  オペランド      アドレス: 機械語
 1      SUM       START                    |
 2                LAD         GR0,0        |  #1000: #1200 #0000
 3                LAD         GR1,0        |  #1002: #1210 #0000
 4      LOOP      LAD         GR1,1,GR1    |  #1004: #1211 #0001
 5                ADDA        GR0,GR1      |  #1006: #2401
 6                CPA         GR1,Num      |  #1007: #4010 #100E
 7                JZE         QUIT         |  #1009: #6300 #100D
 8                JUMP        LOOP         |  #100B: #6400 #1004
 9      QUIT      RET                      |  #100D: #8100
10      Num       DC          10           |  #100E: #000A
11                END                      |
```

2.3.3 文 字 定 数

アセンブラ命令 DC では文字定数を扱うことができる．文字定数を指定するときは，アポストロフィ（ ' ）で括られた 1 文字以上の文字列をオペランドに記述する．文字列の文字数分のメモリ領域が確保され，1 ワードごとに 1 文字分のデータが格納される．各ワードの下位 8 ビットに文字コードが入り，上位 8 ビットには 0 が入る．

COMET II では日本工業規格 X 0201（7 ビットおよび 8 ビットの情報交換用符号化文字集合）で規定する文字コードを使用する．X 0201 の左側（ローマ字部分）を付録に示す．上位 4 ビットを列で，下位 4 ビットを行で表す．例えば，文字 &, 3, A の文字コードは同表から #26, #33, #41 であるから，文字定数 '&', '3', 'A' に対応してメモリ領域に格納される文字データは，それぞれ #0026, #0033, #0041 となる．以下に，文字定数に関する二つのプログラム例を示す．

プログラム 3 は，文字定数 '5' と '3' にそれぞれ対応する数値 5 と 3 を別々にレジスタへ格納してから，それらの積を計算するプログラムである．行番号 14 で Char_0 とラベル付けされたメモリ領域に文字定数 '0' に対する文字データ #0030 が格納される．行番号 15, 16 では， A, B とラベル付けされたメモリ領域に '5' と '3' に対する文字データ #0035 と #0033 が格納される．行番号 3, 4 で，これらの値を GR1 と GR2 へそれぞれ読み込んでいる．行番号 6, 7 でこれらのレジスタの値から '0' に対する文字データ値を引いているため，それぞれ数値 #0005 および #0003 がレジスタに残る．行番号 8 から 12 でそれらの積を計算している．値 5 を 3 回繰り返して加算することで結果を得る．レジスタ GR3 を加算回数のカウンタとして使い，GR0 を累積加算値の保持に使っている．

<プログラム 3>

```
行番号 ラベル     ニモニック オペランド
 1     C_MULTI    START
 2                LAD        GR0,0
 3                LD         GR1,A
 4                LD         GR2,B
 5                LAD        GR3,0
 6                SUBA       GR1,Char_0
 7                SUBA       GR2,Char_0
 8     LOOP       CPA        GR3,GR2
 9                JZE        QUIT
10                ADDA       GR0,GR1
11                LAD        GR3,1,GR3
```

```
12                  JUMP        LOOP
13      QUIT        RET
14      Char_0      DC          '0'
15      A           DC          '5'
16      B           DC          '3'
17                  END
```

プログラム 4 は，“computer” という単語を構成する英字のうち，アルファベットの順番が n 以降であるものがいくつあるかを調べるプログラムである．行番号 14 から 16 で文字定数 'n', 'computer' および ' '（スペース）をメモリ領域に格納している．まず，Char でラベル付けされたメモリ領域に文字定数 'n' が格納される．文字定数 'computer' は 8 個の文字に分解され，ラベル Word ではじまる 8 ワードのメモリ領域にそれぞれ格納される．それに続く領域に文字定数 ' ' が格納され，Space でラベル付けされる．アルファベット順の前後の判定基準である英字 n に対応する文字データが，レジスタ GR0 に読み込まれる．この GR0 の内容と Word から続くメモリ領域のコードを順番に比較して，値が文字定数 'n' の文字データ以上である領域の数を集計する．集計の終わりは文字定数 ' ' の文字データによって判断する．スペースに対応するコードを GR3 に読み込んでおく．集計の進行は，GR2 をインデックスレジスタとして使うことで実現し，実効アドレスの内容と GR3 の内容が一致したら終了する．集計値の保持には GR1 が使われる．

```
＜プログラム 4 ＞
行番号  ラベル      ニモニック  オペランド
 1      C_COUNT     START
 2                  LD          GR0,Char
 3                  LAD         GR1,0
 4                  LAD         GR2,0
 5                  LD          GR3,Space
 6      LOOP        CPA         GR3,Word,GR2
 7                  JZE         QUIT
 8                  CPA         GR0,Word,GR2
 9                  JPL         HOP
10                  LAD         GR1,1,GR1
11      HOP         LAD         GR2,1,GR2
12                  JUMP        LOOP
```

```
13      QUIT    RET
14      Char    DC      'n'
15      Word    DC      'computer'
16      Space   DC      ' '
17              END
```

2.3.4　文字データの入出力

文字データを入力装置から読み込む場合，または逆に出力装置へ書き出す場合，マクロ命令を使用する．入力には **IN** 命令，出力には **OUT** 命令 がそれぞれ用意されている．アセンブラによって，マクロ命令は目的の機能を果たす機械語の命令系列に展開される（4.4.2 項参照）．

あらかじめ割り当てられた入力装置から文字データを読み込むとき，データが格納されるメモリの領域を入力領域という．入力領域は 256 ワードの大きさを持つ．この大きさを 1 レコード (record) と呼ぶ．IN 命令は，

　　　IN　入力領域, 入力文字長領域

の書式で記述される．オペランドの入力領域に指定されたラベルの対応領域に文字コードが順次格納される．データの格納形式は DC 命令と同じであり，1 ワードに 1 文字ずつ格納される．入力データが 256 文字に満たない場合，入力領域の残りのワードには命令実行前のデータが残る．また，入力データが 256 文字を超える場合，257 文字目以降の入力文字は無視される．データの入力が完了すると，入力された文字データの長さが，オペランドの入力文字長領域に指定されたラベルの対応番地へ格納される．

一方，あらかじめ割り当てられた出力装置へ文字データを書き出すとき，メモリの出力領域に格納されている 1 レコードが出力される．OUT 命令は，

　　　OUT　出力領域, 出力文字長領域

の書式で記述される．オペランドの出力文字長領域に指定されたラベルの対応番地に，出力しようとする文字データの長さを格納しておく．オペランドの出力領域に指定されたラベルの対応領域に格納されている文字データが，出力装置に書き出される．

プログラム 5 は，入力装置から英文字 1 文字を読み込み，それが大文字ならば小文字に変換し，逆に小文字ならば大文字に変換して出力装置に書き出すプ

ログラムである．行番号 2 では，ラベル CA の入力領域に入力装置から 1 文字が読み込まれる．CN の入力文字長領域には，文字データの長さ 1 が格納される．行番号 3 では，入力領域の文字データをレジスタ GR2 へ転送している．行番号 4 では，文字定数 'a' に対する文字コードよりも 1 だけ小さいデータ #0060 を，レジスタ GR0 へ設定している．このデータを基準にして大文字と小文字を区別する．行番号 5 では，小文字の文字データと大文字の文字データの値の差 #0020 を格納している．行番号 6 から 10 では，入力された文字が小文字かどうかを判定して，小文字ならば文字データから #0020 を引いて大文字へ変換し，大文字ならば文字データに #0020 を加えて小文字へ変換している．11 行目では，変換された文字データをレジスタ GR2 から CA の出力領域へ転送している．ここでは出力領域および出力文字長領域を，それぞれ入力領域および入力文字長領域で兼用している．出力する文字データの長さは入力と同じ 1 だから，出力文字長領域の値の更新は省略する．行番号 12 で，CA の出力領域のデータが出力装置に書き出される．

<プログラム 5>

```
行番号  ラベル    ニモニック  オペランド
 1      C_TRNS    START
 2                IN          CA,CN
 3                LD          GR2,CA
 4                LAD         GR0,#0060
 5                LAD         GR1,#0020
 6                CPA         GR2,GR0
 7                JPL         LtoS
 8                ADDA        GR2,GR1
 9                JUMP        WRITE
10      LtoS      SUBA        GR2,GR1
11      WRITE     ST          GR2,CA
12                OUT         CA,CN
13                RET
14      CA        DS          256
15      CN        DS          1
16                END
```

2.4　シフト演算命令とその他の演算命令

すでに COMET II を動作させるための基本的な命令は説明した．本節ではシフト演算命令とその他の演算命令について述べる．はじめに，シフト演算命令について解説する．シフト演算命令には算術シフト演算命令と論理シフト演算命令がある．それらは，数値データの乗除算に応用することができる．つぎに，論理加減算命令，論理比較命令について解説する．これらの命令は，メモリまたはレジスタに格納された数値を，符号なし 2 進数と見なして実行する演算命令である．また，その他の特殊な命令として，ノーオペレーション命令についても触れる．

2.4.1　算術シフト演算命令

算術シフト演算命令は，第 1 オペランドに指定された汎用レジスタに格納されているビット列を，第 2 オペランドで計算される実効アドレス値だけ左または右にシフトする命令である．左にシフトする命令を**算術左シフト** (Shift Left Arithmetic) 命令，右にシフトする命令を**算術右シフト** (Shift Right Arithmetic) 命令と呼ぶ．算術シフト演算命令では，最上位ビット，すなわち符号ビットはシフトしない．

算術左シフト命令では，シフトによってレジスタの左側から送り出されたビットの値は消失する．レジスタの右側に空いたビット位置には 0 が挿入される．また命令の実行によって，フラグレジスタの OF には左側から最後に送り出されたビットの値が格納される．算術左シフト命令のニモニックは SLA で表される．図 2.9 に算術左シフト命令

```
SLA  GR1,2
```

の実行例を示す．

ここで，図 2.9 の命令実行の前後で，レジスタの値が 5 (#0005) から 20

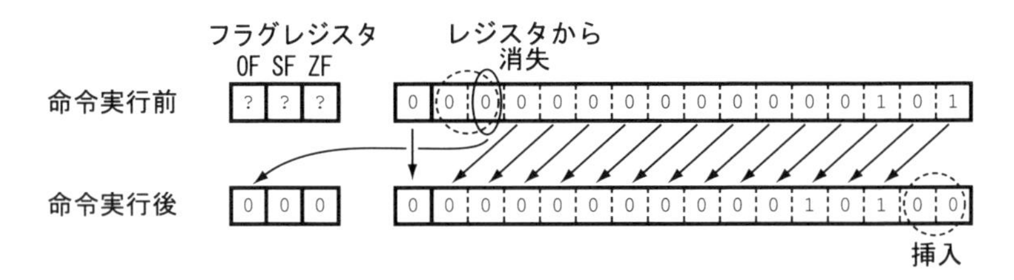

図 **2.9**　算術左シフト命令による正整数の 2 のべき乗倍（GR1 の値が 5 のとき SLA GR1,2 を実行）

(#0014) へ変わったことに注意されたい．すなわち，2 ビットの左シフトは，レジスタの値を 2^2 することになる．2.3.3 項のプログラム C_MULTI のように，整数値 A と B の掛け算は，A を B 回加える足し算に展開して計算することができる．しかし，算術左シフト命令によって 2 のべき乗倍の計算を使用すれば，より効率的にプログラミングすることができる．

例えば，4×5 は，$4 \times (4+1) = 4 \times 2^2 + 4 \times 2^0$ として以下のプログラム 6 のように計算することができる．行番号 2 でラベル A の値 4 をレジスタ GR1 へ読み込んでいる．行番号 3 では，算術左シフト命令で GR1 の値を 2^2 倍して，行番号 4 でこれに 4×2^0 を加えている．

＜プログラム 6 ＞

```
行番号  ラベル      ニモニック  オペランド
 1      S_MULTI     START
 2                  LD          GR1,A
 3                  SLA         GR1,2
 4                  ADDA        GR1,A
 5                  ST          GR1,B
 6                  RET
 7      A           DC          4
 8      B           DS          1
 9                  END
```

さらに，一般の正整数 A と B の掛け算は，B の 16 ビット 2 進表現 $(\ 0\ b_{14}\ b_{13}\ \cdots\ b_2\ b_1\ b_0\ )_2$ の各ビット値を用いて，$A \times b_{14} \times 2^{14} + A \times b_{13} \times 2^{13} + \cdots + A \times b_2 \times 2^2 + A \times b_1 \times 2^1 + A \times b_0 \times 2^0$ で計算できる．プログラム 7 にソースコードを示す．行番号 18, 19 でラベル A, B の値を与えている．A の値は行番号 6 で GR6 に格納され，行番号 7 から 16 の繰り返しの

なかのシフト命令（行番号 15）によって 2^0 から 2^{14} 倍される．B の値は繰り返し処理のたびに GR7 へ格納され，第 0 ビットから第 14 ビットまで順番に各ビット値がチェックされる．値のチェックは，対象となる 1 ビットの値だけが 1 で，他は 0 のビット列を格納する GR5 と，B の値を格納する GR7 との AND 演算（行番号 8）の結果で行なう．GR7 の対象ビット値が 1 ならば演算結果は非 0 となり，フラグレジスタの ZF が 0 となる．その場合は，GR6 に格納されている A の 2 のべき乗倍の値を，結果保持用レジスタ GR2 へ加算する（行番号 10）．GR7 の対象ビット値が 0 ならば演算結果が 0 となり，ZF が 1 となるのでラベル HOP へ制御が移り（行番号 11），GR2 への加算は起こらない．レジスタ GR5 のビット列は，0000 0000 0000 0001 で初期化された後，繰り返し処理で 1 ビットずつ上位にシフトされる（行番号 14）．繰り返しの終了判定およびカウンタには，GR0 と GR1 がそれぞれ使われ，行番号 2, 3 で初期設定されている．

＜プログラム 7 ＞

```
行番号 ラベル    ニモニック オペランド
 1     V_MULTI  START
 2              LAD       GR0,15
 3              LAD       GR1,0
 4              LAD       GR2,0
 5              LAD       GR5,#0001
 6              LD        GR6,A
 7     LOOP     LD        GR7,B
 8              AND       GR7,GR5
 9              JZE       HOP
10              ADDA      GR2,GR6
11     HOP      LAD       GR1,1,GR1
12              CPA       GR1,GR0
13              JZE       QUIT
14              SLA       GR5,1
15              SLA       GR6,1
16              JUMP      LOOP
17     QUIT     RET
18     A        DC        525
19     B        DC        40
20              END
```

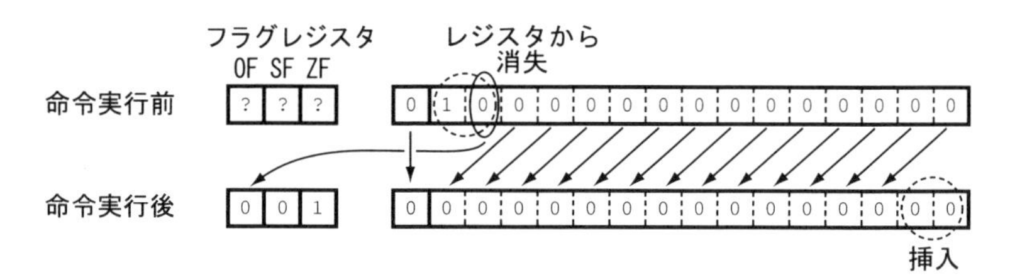

図 **2.10**　算術左シフト命令によるオーバフロー（GR5 の値が 16384 のとき SLA GR5,2 を実行）

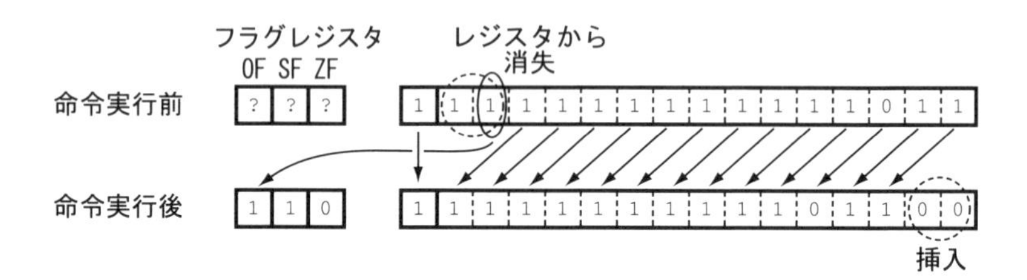

図 **2.11**　算術左シフト命令による負整数の 2 のべき乗倍（GR3 の値が −5 のとき SLA GR3,2 を実行）

算術左シフト命令によって 2 のべき乗倍の計算を実行したとき，算術加減算命令と同様に，結果の値が −32768 から 32767 の範囲に収まらない現象，すなわちオーバーフローが起こり得る．図 2.10 に，値 16384 (#4000) を格納したレジスタを 2 ビット左シフトしたためにオーバフローとなった例を示す．ここで，フラグレジスタの OF には，最後に送り出された値 0 が格納されることに注意されたい．算術加減算命令とは異なり，算術左シフト命令ではオーバフローが必ずしもフラグレジスタの OF に反映される訳ではない．

また，図 2.11 に，値 −5 (#FFFB) を格納したレジスタを 2 ビット左シフトした結果，値が −20 (#FFEC) となった例を示す．この場合，シフト演算による 2 のべき乗倍の計算でオーバフローは発生していない．しかし，フラグレジスタの OF には，レジスタから送り出された値 1 が格納されている．このように，算術左シフト命令では，フラグレジスタの OF に 1 が格納されてもオーバフローが発生したとは限らない．

つぎに，算術右シフト命令について述べる．算術右シフト命令では，シフトによってレジスタの右側から送り出されたビットの値は消失する．レジスタの

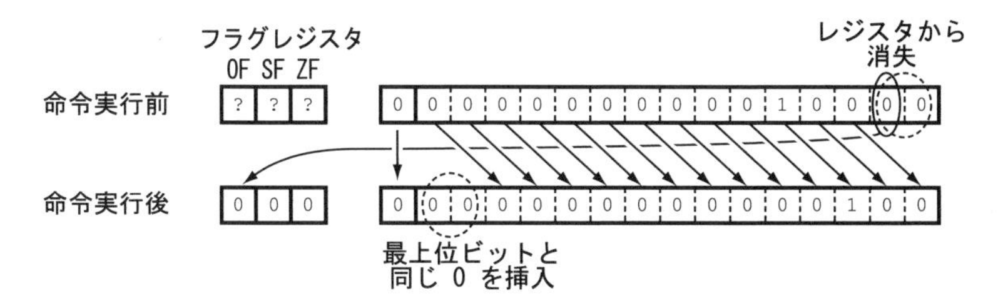

図 **2.12** 算術右シフト命令による 2 のべき乗割り（GR3 の値が 16 のとき SRA GR3,2 を実行）

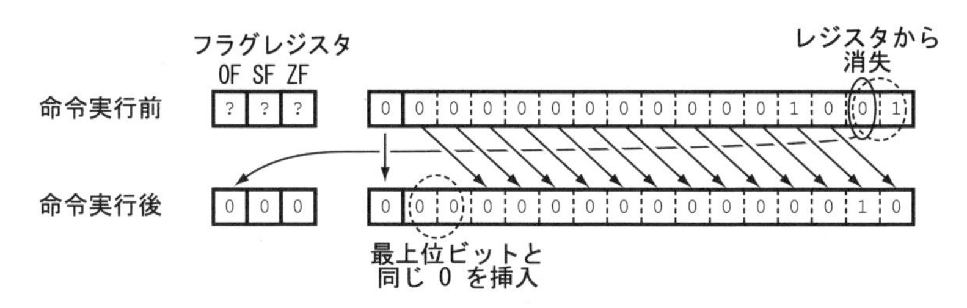

図 **2.13** 算術右シフト命令による端数の切り捨て（GR2 の値が 9 のとき SRA GR2,2 を実行）．

左側に空いたビット位置には，符号ビットと同じ値が挿入される．命令の実行によって，フラグレジスタの OF には汎用レジスタの右側から最後に送り出されたビットの値が格納される．算術右シフト命令のニモニックは SRA で表される．

図 2.12 に算術右シフト命令

```
SRA  GR3,2
```

の実行例を示す．この例では，命令の実行前のレジスタの値 16 が，実行後には 4 となっていることがわかる．一般に，n ビットの算術右シフト命令によって，演算対象のレジスタの値は 2^n で割られる．

算術右シフト命令で 2 のべき乗による割り算を実行するとき，端数の切捨て，または端数の切上げが起こり得ることに注意しなければならない．図 2.13 に，値 9 を格納したレジスタを 2 ビット右シフトしたため，端数の切捨てが起こった例を示す．

命令の実行結果は 2 であり，本来の値 $9 \div (2^2) = 2.25$ の小数点以下が切り捨てられた形になっている．格納されている値が負数の場合は，逆に結果の小数点以下は切り上げられる．

2.4.2 論理シフト演算命令

論理シフト演算命令は算術シフト演算命令と同様に，第 1 オペランドで指定された汎用レジスタに格納されているビット列を，第 2 オペランドで計算される実効アドレスだけ左または右にシフトする命令である．ただし，論理シフト演算命令では，算術シフト演算命令とは異なり，符号ビットも含めてシフトする．左にシフトする命令を**論理左シフト** (Shift Left Logical) 命令，右にシフトする命令を**論理右シフト** (Shist Right Logical) 命令と呼ぶ．

論理左シフト命令では，シフトによってレジスタの左側から送り出されたビットの値は消失する．レジスタの右側に空いたビット位置には 0 が挿入される．命令の実行によって，フラグレジスタの OF には汎用レジスタの左側から最後に送り出されたビットの値が格納される．論理左シフト命令のニモニックは SLL で表される．図 2.14 に論理左シフト命令

```
SLL   GR2,3
```

の実行例を示す．

論理右シフト命令では，シフトによってレジスタの右側から送り出されたビットの値は消失する．レジスタの左側に空いたビット位置には 0 が挿入される．命令の実行によって，フラグレジスタの OF には汎用レジスタの右側から最後に送り出されたビットの値が格納される．論理右シフト命令のニモニックは SRL で表される．図 2.15 に論理右シフト命令

```
SRL   GR2,3
```

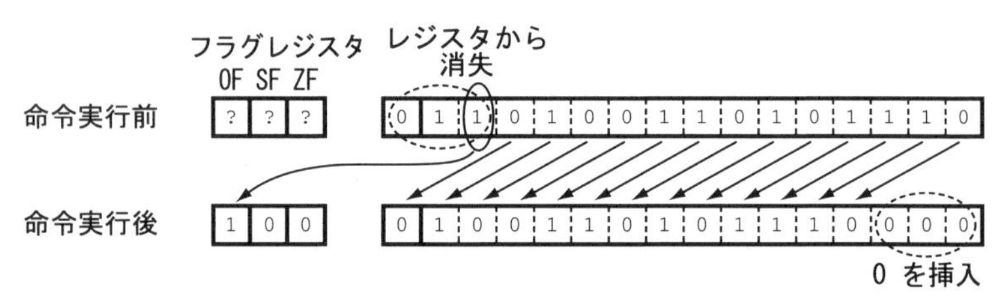

図 **2.14** 論理左シフト命令（GR2 の値が #69AE のとき SLL GR2,3 を実行）

の実行例を示す．

論理シフト演算命令では，レジスタの値を符号なし 2 進数，すなわち 0 から 65535 の範囲の整数と見なして，2 のべき乗による乗除算を実行することになる．しかし，多くの場合，論理シフト演算命令は 1 ワードを数値ではなく，単なるビット列と見なしてシフト操作する目的で用いられる．

プログラム 8 は，メモリの指定領域に格納された 1 ワードのビット列に含まれる 1 の数を調べるプログラムである．行番号 16 において，W でラベル付けされたメモリ領域に処理対象である#7E9C を設定している．行番号 5 ではレジスタ GR7 にその値を読み込んでいる．行番号 6 から 13 の繰り返し処理で，GR7 の第 0 ビットから第 15 ビットを順次取り出して 1 の数をカウントする．行番号 6 で SRL 命令によって GR7 の値を 1 ビット右シフトしている．送り出された値はフラグレジスタの OF に格納される．その値が 1 ならば行番号 7 から行番号 9 へ実行制御が移り，1 の数を集計保持する GR2 の値をインクリメントする．OF の値が 0 ならば行番号 8 から行番号 10 へ実行制御が移り，GR2 はインクリメントされない．繰り返しの終了判定とカウンタにはそれぞれ GR0 と GR1 を用いている．

＜プログラム 8＞

```
行番号  ラベル      ニモニック  オペランド
 1      Nof1        START
 2                  LAD         GR0,16
 3                  LAD         GR1,0
 4                  LAD         GR2,0
 5                  LD          GR7,W
 6      LOOP        SRL         GR7,1
 7                  JOV         INC
 8                  JUMP        PASS
```

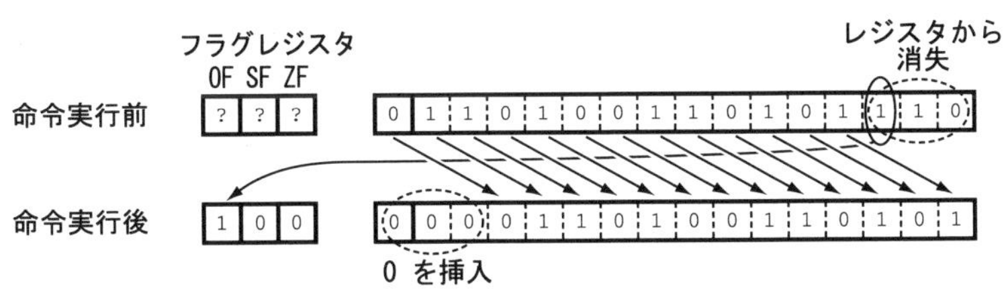

フラグレジスタ
OF SF ZF
命令実行前　? ? ?　0 1 1 0 1 0 0 1 1 0 1 0 1 1 1 0
レジスタから消失
命令実行後　1 0 0　0 0 0 0 1 1 0 1 0 0 1 1 0 1 0 1
0 を挿入

図 2.15　論理右シフト命令（GR2 の値が #69AE のとき SRL GR2,3 を実行）

```
 9    INC     LAD     GR2,1,GR2
10    PASS    LAD     GR1,1,GR1
11            CPA     GR1,GR0
12            JZE     QUIT
13            JUMP    LOOP
14    QUIT    ST      GR2,N
15            RET
16    W       DC      #7E9C
17    N       DS      1
18            END
```

2.4.3 論理加減算命令

論理加算（**減算**）命令は第 1 オペランドの指定領域に格納された値と（から），第 2 オペランドの指定領域に格納された値を論理加算（減算）し，得られた結果を再び第 1 オペランドの指定領域に格納する命令である．ただし，論理加算（減算）では，演算の対象となる値は，すべて符号なし **2 進数**と見なして加算（減算）する．演算結果が 0 から 65535 に収まらなかったとき，フラグレジスタの OF が 1 になる．レジスタ間命令とメモリ・レジスタ間命令の両方がある．**論理加算** (ADD Logical) 命令および**論理減算** (SUBtract Logical) 命令のニモニックは，それぞれ ADDL および SUBL で表される．図 2.16 (a) に論理加算命令

```
ADDL  GR2,#1000
```

の実行例を示す．

2.4.4 論理比較命令

論理比較 (ComPare Logical) 命令は，第 1 オペランドの指定領域に格納された値と，第 2 オペランドの指定領域に格納された値との大小関係を論理比較する命令である．ただし，論理比較では，演算の対象となる値をすべて符号なし 2 進数と見なして比較する．第 1 オペランドの指定領域の格納値よりも第 2 オペランドの指定領域の格納値の方が大きいとき，フラグレジスタの SF の値が 1 となる．第 1 オペランドの指定領域の格納値と第 2 オペランドの指定領域の格納値とが等しいとき，フラグレジスタの ZF の値が 1 となる．結果はフラグレジスタだけに反映される．フラグレジスタの OF にはつねに 0 が設定

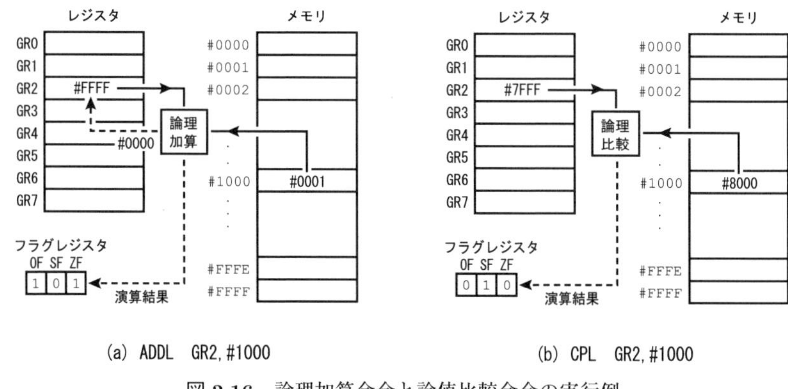

図 **2.16** 論理加算命令と論値比較命令の実行例

される．レジスタ間命令とメモリ・レジスタ間命令の両方があり，ニモニックはともに CPL で表される．図 2.16 (b) に論理比較命令

```
CPL   GR2,#1000
```

の実行例を示す．

プログラム 9 は，与えられた値 V (≥ 2) 以下の最大のフィボナッチ数 (Fibonacci number)[17] を求めるプログラムである．n 番目のフィボナッチ数 F_n は，$F_0 = F_1 = 1$ から $F_n = F_{n-1} + F_{n-2}$ ($n \geq 2$) で再帰的に求まる．行番号 2, 3 でレジスタ GR0, GR1 に F_0, F_1 の値を設定している．繰り返し処理は，オーバフローが発生するまで，または V より大きな値が出現するまで実行される．行番号 4 から 12 の繰り返し処理の中で，新たに計算されたフィボナッチ数が GR0 と GR1 に交互に格納される．行番号 4 では，GR0 のフィボナッチ数と GR1 のフィボナッチ数を加算して得られるフィボナッチ数を GR0 に格納している．行番号 5 では，新たに計算されたフィボナッチ数が，16 ビットで表される符号なし 2 進数の範囲を超えていないか，すなわちオーバフローが発生していないか確かめている．オーバフローが発生して，GR0 の値が正しくないときは，実行制御が行番号 5 から繰り返しループの外の行番号 15 へ分岐して，GR1 に格納されている値が求める最大のフィボナッチ数としてメモリに書き出される．GR0 に正しい値が格納されている場合は，行番号 6 でその値が V の値を超えていないか確かめて，超えているなら行番号 7 から行番号 15 へ分岐して GR1 の値を最大のフィボナッチ数とする．GR0 の値が V

以下ならば，その値よりも大きなフィボナッチ数がありうるとわかる．行番号8で新たなフィボナッチ数が計算されてGR1に格納される．この数に関するチェックが，行番号9から11において行番号5から7と同様にして行なわれる．GR1の値がVの値を超えているならば実行制御が行番号13へ分岐して，GR0の値が求める最大のフィボナッチ数としてメモリへ書き出される．GR1の値がV以下ならば，実行制御は行番号4に移り，つぎのフィボナッチ数を計算して再びGR0に格納する．

＜プログラム 9＞

```
行番号 ラベル    ニモニック オペランド
 1     FIBO      START
 2               LAD        GR0,1
 3               LAD        GR1,1
 4     LOOP      ADDL       GR0,GR1
 5               JOV        L1
 6               CPL        GR0,V
 7               JPL        L1
 8               ADDL       GR1,GR0
 9               JOV        L0
10               CPL        GR1,V
11               JPL        L0
12               JUMP       LOOP
13     L0        ST         GR0,FN
14               JUMP       QUIT
15     L1        ST         GR1,FN
16     QUIT      RET
17     V         DC         60000
18     FN        DS         1
19               END
```

2.4.5 ノーオペレーション命令

多くのコンピュータでは“何もしない命令”が用意されている．それは，ノーオペレーション (No OPeration) 命令と呼ばれる．COMET II では

```
        NOP
```

のようにオペランドを省略した形で記述する．

何もしないのならば，命令として意味がないのではないかと思われるかもし

れない．しかし，あとの章で述べるようなコンピュータの動作のタイミングを考慮するとき，ノーオペレーション命令が重要な役割を果たすこともある．

2.5 スタックポインタとスタック

本節では，スタックポインタとスタックの役割およびそれらの応用について解説する．スタックポインタは，特定のメモリ領域のアドレス情報を保持する．それは，プログラム実行終了時の制御や，プログラムの分割記述と実行制御などに係わる．

2.5.1 プログラムの実行終了制御

すでに 2.1 節で述べたとおり，プログラムの実行が終了するとき，RET 命令によってコンピュータの制御が，あらかじめ指定された分岐先アドレスへ移される．この分岐先アドレスはプログラム実行前にメモリの特定領域に書き込んでおく．その特定領域のアドレスはスタックポインタで記憶する．すなわち，プログラムの実行が終了するとき，スタックポインタが指示するメモリアドレスに格納された分岐先がプログラムレジスタに書き込まれる．分岐先でコンピュータがどのような処理を実行するかは，システム全体の動作環境によって異なる．

最も単純な動作環境としては，プロセッサ外部からプログラムレジスタとスタックポインタの内容を直接変更できるようなインタフェース (interface) [*3)] を持ち，メモリの内容も任意のアドレスに対して外部から直接読み書きできる機能を備えたものが考えられる．そのような動作環境では，例えば，コンピュータを起動する前にメモリの適当な領域に機械語プログラムを書き込み，その先頭番地を直接外部からプログラムレジスタに書き込む．また，そのプログラム領域とは異なる，特定のメモリ領域を適宜決定して（次項参照）そこにプログラム実行後の分岐先アドレスを書き込む．さらにその特定領域のアドレスをスタックポインタに格納しておく．多くの場合，プログラムの実行が終了したあとで，レジスタやメモリに得られた結果を破壊することなく読み出せることが

[*3)] 一般に，二つのもののあいだに入って情報のやり取りを媒介するものをいう．ここでは，プロセッサ内部のレジスタとユーザ（人間）のあいだで情報を媒介する機構を意味する．

望ましい．そこで，例えば分岐先アドレス #**** からはじまるメモリ領域で

```
JUMP  #****
```

のような，無限の繰り返し命令を実行させておき，その後コンピュータの動作を停止させることが考えられる．あるいは，あらかじめ決められた合図があるまでプロセッサの動作を停止させる **HALT** 命令 *4) を用意して，分岐先アドレス #**** に格納しておけば，直接プロセッサを停止させることもできる．

しかし，通常のコンピュータでは，**OS** (operating system) と呼ばれるソフトウェアの存在が動作の前提となっている[18)19)]．COMET II もその例外ではない．OS はコンピュータシステム全体を管理し，入出力装置による外部とのデータのやり取りなど，多くのユーザプログラム *5) が使用する機能をまとめて提供する．OS がシステムを制御する動作環境では，プログラムは OS によって自動的に割り当てられたメモリ領域に格納される．その先頭番地が自動的にプログラムレジスタに書き込まれてプログラムが起動する．プログラム実行後の分岐先アドレスには，OS がコンピュータの制御を受け継ぐための機能が用意されている．プログラム実行直前に，その分岐先アドレスは，OS によって指定されたメモリ領域に自動的に書き込まれ，またそのメモリ領域のアドレスがスタックポインタに書き込まれる．

なお，COMET II には **SVC** 命令（スーパバイザコール命令）という命令が用意されている．これは，ユーザプログラムから直接 OS の機能を呼び出す命令である．CASL II のマクロ命令 IN と OUT は，それぞれ OS の入力装置制御機能と出力装置制御機能を呼び出す SVC 命令を含んだ機械語命令系列に展開される（4.4.2 項参照）．

2.5.2　スタック操作命令

コンピュータでは，**スタック** (stack) が重要な役割を果たす場合がしばしばある．スタックとは**先入れ後出し** (LIFO: last in first out) のデータ記憶機構

---

*4) COMET II のオリジナルの仕様には設定されてないが，一般のほとんどのプロセッサは HALT 命令を持っている．

*5) OS に対して，これまで例示したプログラムのように，何らかの特定の仕事を実行することを目的に作成されたプログラムをユーザプログラムという．

である．先に格納したデータの上に，後から格納するデータを積み上げる構造をとる．データを取り出すときには，後から格納したものを先に取り出す．スタックにデータを積み上げることをプッシュダウン (push down)，スタックからデータを取り出すことをポップアップ (pop up) と呼ぶ．前述のスタックポインタの一般的役割は，上下するスタックの最上段の位置を指示することである．

通常，スタックはメモリ領域の一部を使って実現される．プログラムを起動するとき，十分大きな連続したメモリ領域をスタックのために確保する．最も大きなメモリアドレスの領域がスタックの最下段となる．その最下段よりもさらに一つ大きなアドレスをスタックポインタに格納する．スタックが指すこの領域には，前項で述べたプログラム実行後の分岐先アドレスを格納する．プログラムの実行中にスタックに積み上げられるデータが増減するとき，スタックポインタの値は，つねにスタックの最上段アドレスを指示するように変化する．

図 2.17 にメモリの #FFFF 番地からはじまるスタックの例を示す．スタックの最上段アドレスが #FFFE のとき，新たなデータがスタックにプッシュダウンされるならば，スタックポインタの値は #FFFD に変わる．逆に，スタックの最上段の値がポップアップされるのならば，スタックポインタの値は #FFFF に変わる．

COMET II では，プッシュダウンはプッシュ (PUSH) 命令で実現される．プッシュ命令は 2 ワード命令である．ニモニックは PUSH で表される．第 1 オペランドの記述はつねに省略される．第 2 オペランドで計算される実効アドレスがスタックへプッシュダウンされる．したがって，例えば汎用レジスタ GR1 の内容をスタックへプッシュダウンするときは，

```
        PUSH   0,GR1
```

と記述する．スタックポインタの値が一つ減少して，それが指示するメモリ領域に GR1 の内容が格納される．一方，ポップアップはポップ (POP) 命令 で実現される．ポップ命令は 1 ワード命令である．スタックからポップアップされた値が第 1 オペランドに格納される．第 2 オペランドはつねに省略される．例えば，スタックからポップアップした値を汎用レジスタ GR0 へ転送するときは

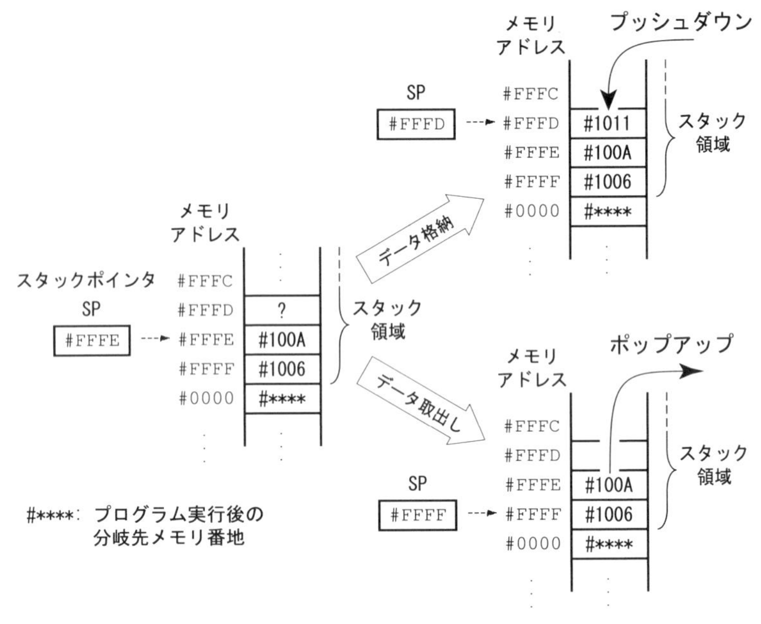

図 **2.17**　スタックの例

```
POP  GR0
```

と記述する．スタックポインタが指示するメモリ領域の値が読み出されて GR0 へ転送される．スタックポインタの値は一つ増加する．

スタックは，次項のサブルーチンの実行管理において暗黙のうちに使用されるが，ここではスタックを明示的に利用するプログラムの例を取り上げよう．スタックによって，逆ポーランド記法 (reverse polish notation)[20] で記述された式の値が容易に計算されることを示す．

逆ポーランド記法は二つの被演算子のあとに演算子を書く記法である．例えば，2+3 は逆ポーランド記法では 23+ と記述される．この規則は再帰的に適応され，(5–3)*2 は逆ポーランド記法で 53–2* と記述される．このように，逆ポーランド記法では括弧を用いることなく式を記述できる．その値の計算では，式を左から走査してはじめて検出された演算子を，その左にある二つの被演算子に対して作用させる．その結果得られた値は，新たな一つの被演算子となる．この計算方法を再帰的に繰り返すことで値が正しく計算される．スタックを用

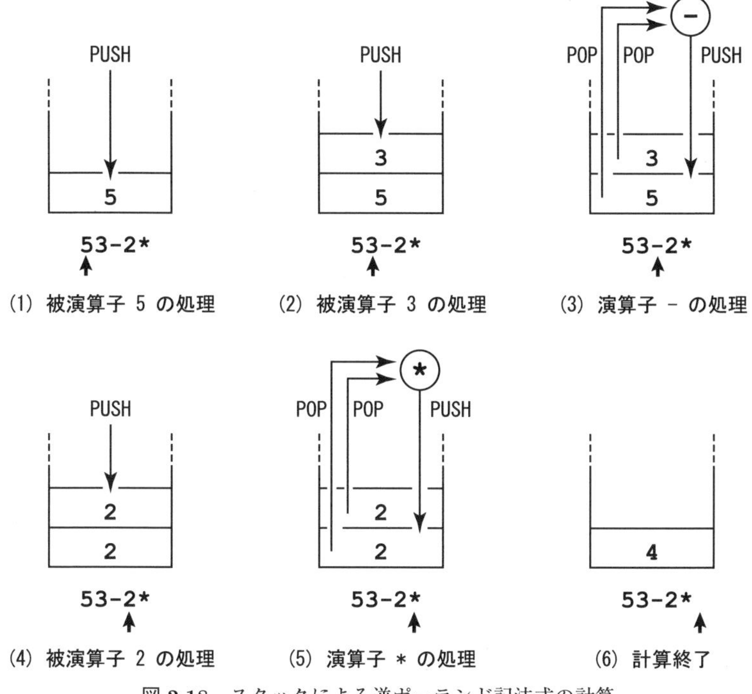

図 **2.18** スタックによる逆ポーランド記法式の計算

いればこの計算は極めて簡単に実行できる．

図 2.18 に，スタックによって 53–2* が計算される様子を示す．(1) では，式の先頭要素 5 が被演算子としてスタックにプッシュダウンされる．続いて (2) では，つぎの要素 3 が被演算子としてスタックにプッシュダウンされる．(3) では演算子 – が検出されたため，スタックから二つの被演算子がポップアップされて減算が実行される．その結果の値 2 は，スタックに被演算子としてプッシュダウンされる．(4) では，つぎの要素 2 が被演算子としてスタックにプッシュダウンされる．(5) では演算子 * が検出されたため，スタックから二つの被演算子がポップアップされて乗算が実行される．その結果の値 4 は，スタックにプッシュダウンされる．(6) では，すでに走査すべき式の要素はなく，計算が終了したことがわかる．

プログラム 10 は，逆ポーランド記法で記述された式の値をスタックによって計算するプログラムである．ここでは簡単のため，入力される被演算子はすべて 10 進数 1 桁の数字とし，乗算の乗数および除算の除数は 2 だけを用いるものとする．行番号 2 では，ラベル AREA の入力領域に逆ポーランド記法式を表す文字列が読み込まれる．LEN の入力文字長領域には文字列の長さが格納される．読み込まれた文字列は先頭から順に走査される．レジスタ GR7 が走査済文字数を表す制御変数として使用され，行番号 3 で 0 に初期化される．行番号 4 から 18 では，注目する文字が被演算子であるか演算子であるかを繰り返し識別する．被演算子であれば行番号 13, 14 でその文字に対応する数値を計算してスタックにプッシュダウンする．演算子であれば，演算の種類に応じていったん処理を分岐させる．例えば，演算子 + と識別されたならば行番号 19 に処理が分岐する．行番号 19 から 22 では，スタックから連続して二つの被演算子がポップアップされ，それらの和が計算されてスタックへプッシュダウンされる．行番号 23 では処理を行番号 15 のラベル INC へ分岐させる．文字が他の演算子として識別された場合も，同様にしてそれぞれの分岐先の処理を実行してからラベル INC へ戻る．行番号 15 では，それまでの走査済文字数を表す制御変数 GR7 の値を 1 増加させたあと，それが文字列長に達していないか確認する．文字列長に達していたならば，行番号 17 から行番号 39 のラベル QUIT へジャンプして，計算結果をレジスタ GR1 へポップアップしてから終了する．走査済文字数が文字列長に達していなければ，処理がラベル LOOP へジャンプして文字の走査が繰り返される．

＜プログラム 10 ＞

```
行番号  ラベル    ニモニック  オペランド
 1      RPN       START
 2                IN          AREA,LEN
 3                LAD         GR7,0
 4      LOOP      LD          GR1,AREA,GR7
 5                CPL         GR1,PLS
 6                JZE         OP_PLS
 7                CPL         GR1,MNS
 8                JZE         OP_MNS
 9                CPL         GR1,MLT
10                JZE         OP_MLT
11                CPL         GR1,DIV
```

```
12                JZE       OP_DIV
13                SUBA      GR1,Char_0
14                PUSH      0,GR1
15      INC       LAD       GR7,1,GR7
16                CPA       GR7,LEN
17                JZE       QUIT
18                JUMP      LOOP
19      OP_PLS    POP       GR3
20                POP       GR2
21                ADDA      GR2,GR3
22                PUSH      0,GR2
23                JUMP      INC
24      OP_MNS    POP       GR3
25                POP       GR2
26                SUBA      GR2,GR3
27                PUSH      0,GR2
28                JUMP      INC
29      OP_MLT    POP       GR3
30                POP       GR2
31                SLA       GR2,1
32                PUSH      0,GR2
33                JUMP      INC
34      OP_DIV    POP       GR3
35                POP       GR2
36                SRA       GR2,1
37                PUSH      0,GR2
38                JUMP      INC
39      QUIT      POP       GR1
40                RET
41      AREA      DS        256
42      LEN       DS        1
43      PLS       DC        '+'
44      MNS       DC        '-'
45      MLT       DC        '*'
46      DIV       DC        '/'
47      Char_0    DC        '0'
48                END
```

2.5.3 プログラムの分割

プログラムのある機能をまとめて一つに記述したプログラムをサブルーチン (subroutine) と呼ぶ．サブルーチンによってプログラムを分割記述することで，プログラムの設計，検証，保守などが容易になる．また，同じ命令で構成される共通ブロックが何度も記述されるようなプログラムは，共通部分をサブルーチンによって記述することで全体のプログラムサイズをコンパクトにすることができる．

サブルーチンは，必要に応じてプログラムから呼び出される．それは，すでに説明したアセンブリ言語によって，呼び出し側のプログラムと同様にして記述される *6)．名前も同様に，そのプログラムの START 命令の前に付けたラベルによって定義される．それはサブルーチン名と呼ばれる．

呼び出しにはコール (CALL) 命令が使用される．COMET II のコール命令は 2 ワード命令である．ニモニックは CALL で表される．第 1 オペランドの記述はつねに省略される．第 2 オペランドで指定される実効アドレスが，呼び出されるサブルーチンの先頭アドレスとなる．アセンブリプログラムでは，通常，サブルーチン名を第 2 オペランドに記述する．例えば，サブルーチン SUB1 を呼び出すときは，プログラムに

```
CALL  SUB1
```

と記述する．ラベル SUB1 には，アセンブラによって，対応するサブルーチンの先頭アドレスが割り当てられる．

呼び出されたサブルーチンは特定の処理を実行したあと，すでに説明した RET 命令によって，自動的に呼び出し側プログラムに制御を返す．呼び出し側プログラムでは，CALL 命令のつぎの命令から実行が再開する．その命令が格納された番地，すなわちサブルーチンからの**戻り番地**は，あらかじめスタックに積み上げることで管理する．CALL 命令が実行されるときに，戻り番地がスタックへ自動的にプッシュダウンされる．逆に，RET 命令が実行されるときには，戻り番地が自動的にポップアップされてプログラムレジスタに書き込まれる．呼び出しプログラムとサブルーチンの関係は，多重の**入れ子構造**となることもある．そのような場合，スタックには複数の戻り番地が積み上げられる．以下のプログラム例を参照されたい．

*6) 実は COMET II の仕様書では，これまでに例示したユーザプログラム自体もすべて OS から呼び出されるサブルーチンと考えることになっている．

プログラム 11 は，ユークリッドの互除法 (Euclidean algorithm) によって正整数 A, B ($A \geq B$) の最大公約数 (Greatest Common Divisor) を求めるプログラムである．ユークリッドの互除法では，はじめに $a_0 = A$, $b_0 = B$ として a_0 を b_0 で割った余りを求める．すなわち $a_0 = p_0 b_0 + q_0$ を満たす最小の非負整数 q_0 を求める．つぎに， $a_1 = b_0$, $b_1 = q_0$ として $a_1 = p_1 b_1 + q_1$ を満たす最小の非負整数 q_1 を求める．さらに， $a_2 = b_1$, $b_2 = q_1$ として同様に $a_2 = p_2 b_2 + q_2$ を満たす最小の非負整数 q_2 を求める．これを繰り返して $a_k = p_k b_k + q_k$ を満たす最小の非負整数 q_k が 0 となったとき，b_k が A と B の最大公約数となる．

プログラムは，メインプログラム GCD とサブルーチン EUCLID および MOD からなる．GCD は 3 組の正整数の最大公約数を順次求めるメインプログラムである．EUCLID は，GR1 の格納値と GR2 の格納値の最大公約数をユークリッドの互除法で求めるサブルーチンプログラムである．MOD は，GR2 の格納値に対する GR1 の格納値の剰余（割り算の余り）を計算するサブルーチンプログラムである．GCD が EUCLID を呼び出し，さらに EUCLID が MOD を呼び出す．

＜プログラム 11 ＞

```
行番号 ラベル   ニモニック オペランド        アドレス: 機械語
 1     GCD      START                 |
 2              LAD     GR7,0         | #1000: #1270 #0000
 3     LOOP_G   LD      GR1,A,GR7     | #1002: #1017 #1014
 4              LD      GR2,B,GR7     | #1004: #1027 #1017
 5              CALL    EUCLID        | #1006: #8000 #101D
 6              ST      GR2,C,GR7     | #1008: #1127 #101A
 7              LAD     GR7,1,GR7     | #100A: #1277 #0001
 8              CPA     GR7,NUM       | #100C: #4070 #1013
 9              JZE     QUIT_G        | #100E: #6300 #1012
10              JUMP    LOOP_G        | #1010: #6400 #1002
11     QUIT_G   RET                   | #1012: #8100
12     NUM      DC      3             | #1013: #0003
13     A        DC      27,767,12707  | #1014: #001B #02FF #31A3
14     B        DC      18,559,12319  | #1017: #0012 #022F #301F
15     C        DS      3             | #101A: #0000 #0000 #0000
16              END                   |
```

```
行番号 ラベル  ニモニック オペランド       アドレス: 機械語
17    EUCLID  START               |
18    LOOP_E  CALL    MOD         | #101D: #8000 #1028
19            LD      GR1,GR1     | #101F: #1411
20            JZE     QUIT_E      | #1020: #6300 #1027
21            LD      GR0,GR1     | #1022: #1401
22            LD      GR1,GR2     | #1023: #1412
23            LD      GR2,GR0     | #1024: #1420
24            JUMP    LOOP_E      | #1025: #6400 #101D
25    QUIT_E  RET                 | #1027: #8100
26            END                 |
```

```
行番号 ラベル  ニモニック オペランド       アドレス: 機械語
27    MOD     START               |
28    LOOP_M  CPA     GR2,GR1     | #1028: #4421
29            JPL     QUIT_M      | #1029: #6500 #102E
30            SUBA    GR1,GR2     | #102B: #2512
31            JUMP    LOOP_M      | #102C: #6400 #1028
32    QUIT_M  RET                 | #102E: #8100
33            END                 |
```

図 2.19 にプログラム 11 の処理の流れを示す．また，CALL 命令および RET 命令によるスタックの状態変化を図 2.20 に示す．1 組目の 27 と 18 の最大公約数の計算では，EUCLID が 1 回，MOD が 2 回呼び出される．

プログラム GCD は #1000 番地から処理を開始する．スタックポインタには #0000 が格納されている．#1006 番地の CALL 命令で #101D 番地の EUCLID を呼び出す．このとき，スタックには EUCLID からの戻り番地 #1008 がプッシュダウンされ，スタックポインタの値は #0000 から #FFFF へ変わる．呼び出された EUCLID は，ただちに CALL 命令で #1028 番地の MOD を呼び出す．スタックには MOD からの戻り番地 #101F がプッシュダウンされる．スタックポインタの値は #FFFE に減少する．呼び出された MOD は，27 を 18 で割った余り 9 を計算し，#102E 番地の RET 命令で制御を EUCLID へ返す．このとき，スタックから戻り番地 #101F 番地がポップアップされ，スタックポインタの値は #FFFF に増加する．サブルーチン EUCLID では，得られた剰余が 0 ではないことから，あらたに 18 を 9 で割った余りを計算するために再び #101D 番地から MOD を呼び出す．スタックに

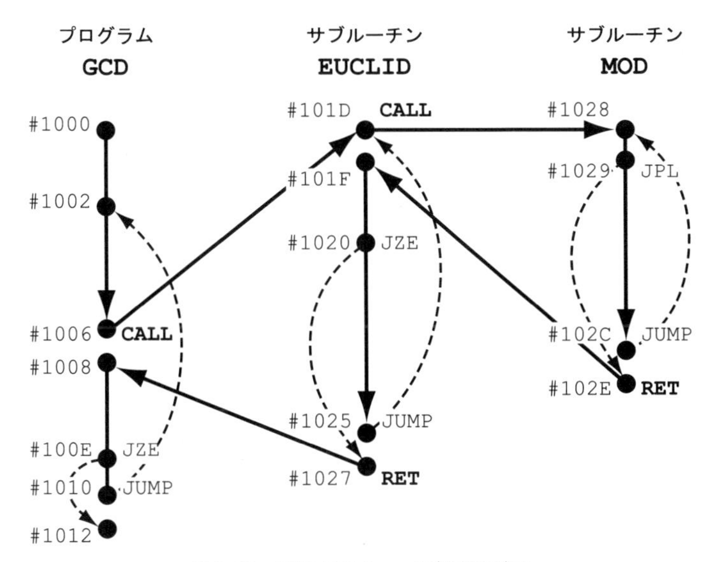

図 **2.19**　プログラム 11 の処理の流れ

は再び MOD からの戻り番地 #101F がプッシュダウンされ，スタックポインタの値は #FFFE に減少する．MOD は剰余 0 を計算し，再び #102E 番地の RET 命令で制御を EUCLID へ返す．スタックから戻り番地 #101F 番地がポップアップされ，スタックポインタの値は #FFFF に増加する．剰余 0 を得たサブルーチン EUCLID は，#1020 番地の JUMP 命令で処理を #1027 番地へ分岐させ，さらに RET 命令で制御をプログラム GCD へ返す．スタックからは，スタックポインタが指す戻り番地 #1008 がポップアップされる．スタックポインタには，プログラムの実行開始時の値 #0000 が格納される．プログラム GCD は，#1010 番地の JUMP 命令で処理を #1002 番地へ分岐させ，2 組目の最大公約数計算の実行をはじめる．#1006 番地で再びサブルーチン EUCLID が呼び出される．

なお，図 2.20 からわかるとおり，通常，ポップアップ操作の対象となったスタックのメモリ領域にはポップアップされた値がそのまま残っている．それらの値はその後のプッシュダウン操作によって上書きされるまでは保持されるが，スタックとして意味のあるメモリ領域は，つねにスタックの最下段からスタックポインタの指す領域までであることに注意されたい．

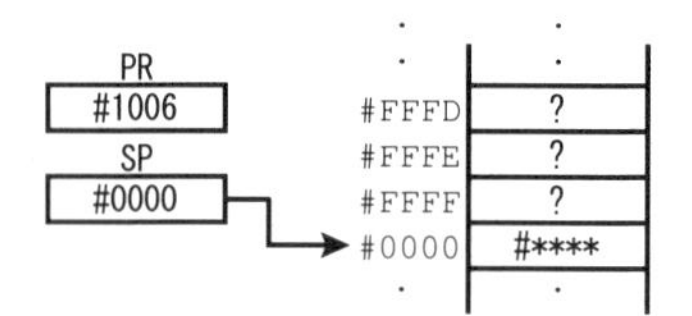

(1) #1006 番地の CALL 命令実行前

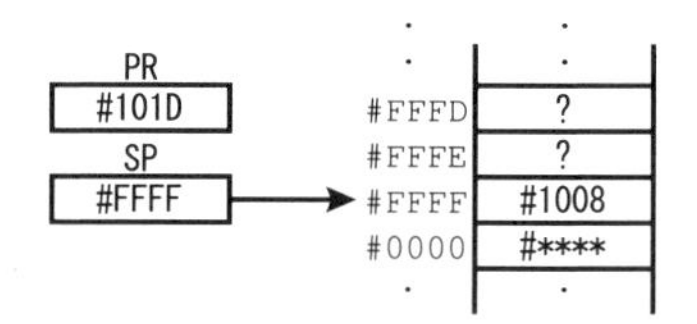

(2) #1006 番地の CALL 命令実行後

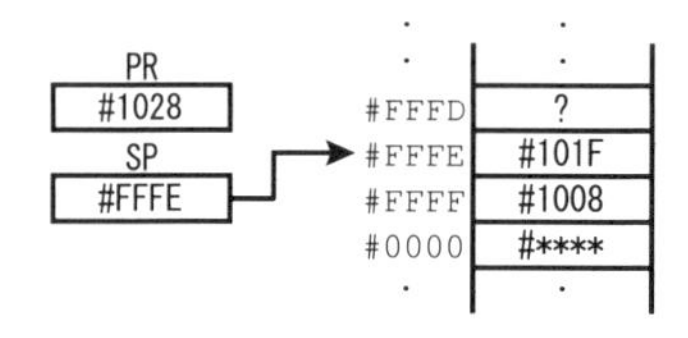

(3) #101D 番地の CALL 命令実行後

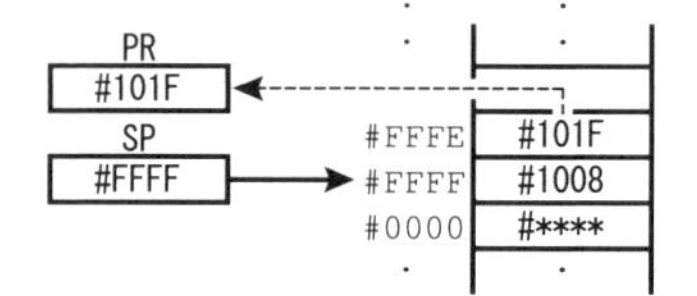

(4) #102E 番地の RET 命令実行後

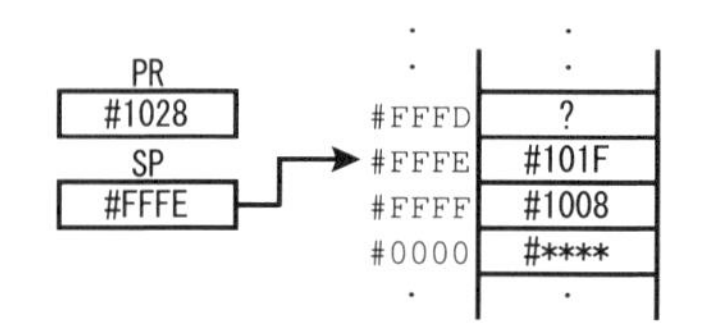

(5) 2 回目の剰余計算における
#101D 番地の CALL 命令実行後

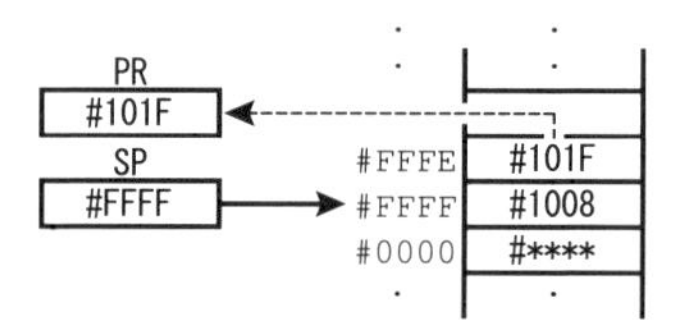

(6) 2 回目の剰余計算における
#102E 番地の RET 命令実行後

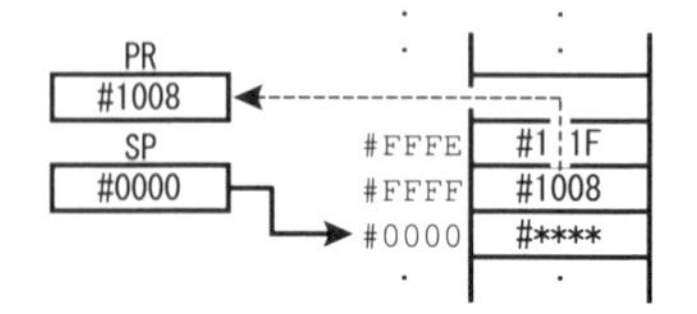

(7) #1027 番地の RET 命令実行後

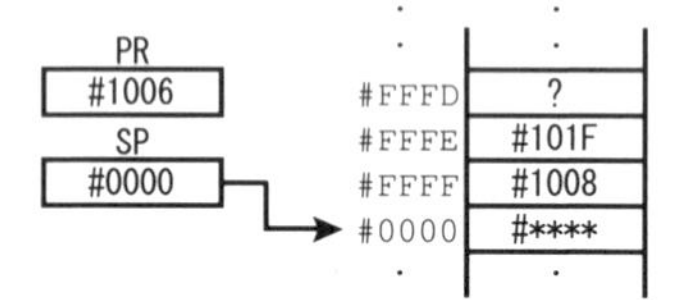

(8) 2 組目の最大公約数計算における
#1006 番地の CALL 命令実行前

図 **2.20**　プログラム 11 におけるスタックの状態

演 習 問 題

(1) 以下の設問に答えよ.
  (a) 2 進数 0100000000011011 を 4 桁の 16 進数, および 10 進数で表せ.
  (b) 16 進数 #081A を 16 桁の 2 進数, および 10 進数で表せ.
  (c) 10 進数 18 を 16 桁の 2 進数, および 4 桁の 16 進数で表せ.
  (d) 10 進数 –21 を 16 桁の 2 の補数表現, および 4 桁の 16 進数で表せ.

(2) 汎用レジスタ GR0, GR1, GR2 の格納する値をそれぞれ 0, 1, –1 にする命令列を示せ.

(3) #0100 番地の内容を #0101 番地, #0102 番地へコピーする命令列の例を示せ.

(4) GR1 の内容を GR0 へ転送する命令としては

```
LD  GR0,GR1
```

があるが, アドレス修飾を使ったらどうなるか? また, GR0 の内容を GR1 へ転送する場合はどうか?

(5) つぎの命令の違いを説明せよ.
  (a)
```
LAD GR1,-1,GR1
SUBA GR1,-1,GR1
```
  (b)
```
SUBA GR0,1000
CPA GR0,1000
```

(6) 整数 A を N 乗して GR0 へ格納するプログラムを示せ.

(7) 標準入出力装置から 4 個の数字を読み込み, 4 桁の 10 進数と見なして 2 進変換するプログラムを示せ. ただし, 数字の読み込みにはマクロ命令 IN を使うこと.

(8) つぎのプログラムをアセンブルせよ.

```
MINUS   START
        LD      GR1,WORK
        LAD     GR0,-1,GR1
        RET
WORK    DC      #1000
        END
```

(9) つぎのプログラムをアセンブルせよ.

```
COMPL   START
        LAD     GR0,#FFFF
        LD      GR1,A
        XOR     GR1,GR0
        LAD     GR1,1,GR1
        ST      GR1,B
        RET
A       DC      5
B       DS      1
        END
```

(10) つぎのプログラムをアセンブルせよ.

```
ARRAY   START
        LAD     GR1, 0
LOOP    LD      GR0, A, GR1
        ADDA    GR0, B, GR1
        ST      GR0, C, GR1
        LAD     GR1, 1, GR1
        CPA     GR1, C3
        JMI     LOOP
        RET
A       DC      3
        DC      7
        DC      5
B       DC      9
        DC      4
        DC      1
C       DS      3
C3      DC      3
        END
```

(11) 算術シフト演算と論理シフト演算の違いを述べよ.

(12) GR1 が –6 を格納しているとする. 以下の命令の実行結果を示せ.
　(a) `SLA GR1,2`
　(b) `SRL GR1,3`

(13) レジスタ GR0 に値 1 をセットして, 命令
　　`SLL GR0,1`
を 16 回繰り返せば, オーバフローフラグが 1 となる. このことを利用して, 0 で初期化したレジスタ GR1 に, メモリの A 番地に格納した値 3 を 16 回加えて得られた結果を, メモリの B 番地へ格納するプログラムを書け. ただし, 分岐命令を使うこと.

(14) 割り算 $5 \div 2$, $11 \div 3$, $100 \div 7$, $1000 \div 3$ を実行し, それぞれの商をラベル DIV ではじまるメモリ領域に, またそれぞれの余りをラベル MOD ではじまるメモリ領域に格納するプログラムを記述せよ. ただし, サブルーチン命令を使うこと.

3 演算部

前章では，モデルアーキテクチャである COMET II の命令セットとそれに対するアセンブリ言語について解説した．そこで前提となったハードウェアの仕様は，機械語プログラマまたはアセンブリプログラマの視点から見た仕様である．本章以降では，いわばコンピュータの設計者の視点から見たハードウェアの機能，構成，設計について述べる．前章から引き続いて COMET II をモデルとして，中央処理装置を構成する演算部と制御部をそれぞれ 第 3 章および 第 4 章で扱う．本章では，記憶回路，演算回路，データ転送回路の実現手法と，それらの回路を組み合わせて COMET II の演算部を構成する手法について説明する．またそれに伴って，演算部からメモリへデータアクセスするための仕様についても述べる．

3.1 ハードウェアモデル

はじめに，コンピュータ設計の視点からあらためてハードウェアモデルを設定しよう．前章の図 2.1 のモデルに加えて，加減算などの演算を実行する装置やデータの転送機構など，機械語プログラムのレベルからは見えなかったハードウェア要素を定義する必要がある．また，前章では意識しなかった制御部の構成についても明らかにする必要がある．

図 3.1 を参照されたい．すでに前章で述べたレジスタ類に新たなハードウェアを加えて演算部が構成されている．**ALU** は**算術論理演算ユニット** (arithmetic logic unit) と呼ばれる回路であり，入力された二つのデータに対して算術演算または論理演算を行なって結果を出力する．シフタ (shifter) は入力データに

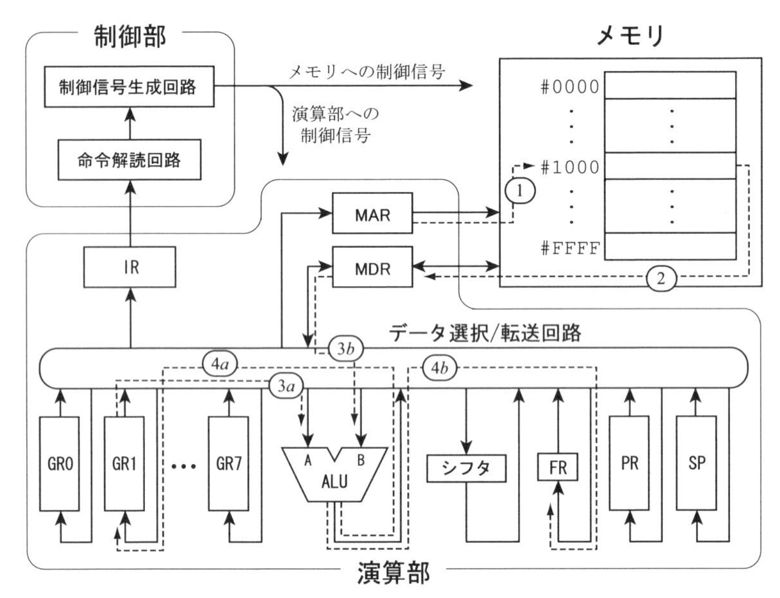

図 **3.1** コンピュータ設計の視点から見たハードウェア仕様

対してシフト演算を行なう回路である．プロセッサの演算回路は，ALU とシフタを組み合わせて構成される．**MAR** はメモリアドレスレジスタ (memory address register) と呼ばれる一時記憶装置であり，演算部からメモリへデータアクセスする際のアドレス指定に使用される．**MDR** はメモリデータレジスタ (memory data register) と呼ばれる一時記憶装置であり，メモリデータの読み出し，および書き出しのためのバッファ (buffer) [*1] として使用される．また，**IR** は命令レジスタ (instruction register) と呼ばれる一時記憶装置であり，メモリから取り出された機械語命令のビット列を格納する．このビット列が表す命令は，コンピュータがつぎに実行すべき命令として制御部の**命令解読回路**で識別される．さらに，**制御信号生成回路**がそれに対応した制御信号を演算部やメモリに出力する．

演算部では，各ハードウェア要素が**データ選択／転送回路**で結合されていることに注意されたい．その論理的な結合は，制御部からの要求に応じて動的に

[*1] 複数のハードウェアまたはソフトウェアのあいだでデータのやり取りをするとき，処理速度の差やタイミングの違いを吸収するために設ける一時記憶機構のこと．

変化し，様々なデータ転送路を形成する．演算部を構成するハードウェア要素自身も制御部からの信号によって機能する．例えば，すでに前章で述べたように，プログラムレジスタ PR には保持するアドレス値を 1 ずつ増加させるカウンタ機能と，分岐命令の分岐先アドレスを取り込む機能があるが，それらの機能も制御部からの信号によって選択／変更される．また，ALU が実現する種々の演算機能も制御部からの信号によって設定される．

このレベルのハードウェアモデルでは，命令は複数のハードウェア要素の連携によって表されるため，それらの動作のタイミングを意識する必要がある．例えば，算術加算命令

```
ADDA  GR1,#1000
```

の実行を考えよう．IR に命令 ADDA のビット列が格納され，その解読結果に基づく制御信号が出力されている状態を仮定する．また，MAR にはアクセスすべきメモリアドレス #1000 が格納されているとする．まず，図 3.1 の '1' でラベル付けされたデータ転送によってメモリの #1000 番地が指定される．このデータ転送が完了したのち，#1000 番地に格納されているメモリデータが，'2' でラベル付けされたデータ転送によって MDR へ送信される．つぎに，第 1 オペランドである GR1 のデータおよび MDR のデータが，それぞれ '$3a$' および '$3b$' でラベル付けされたデータ転送によって同時に ALU へ入力される．ALU での算術加算の実行に必要な時間が経過したのち，出力された演算結果は，'$4a$' でラベル付けされたデータ転送によって GR1 へ，また '$4b$' でラベル付けされたデータ転送によって FR へ送信される．これらのデータ転送や演算操作が行なわれる四つの期間について，制御部から演算部の各構成要素に，それぞれ適切なタイミングで適切な制御信号を与える必要がある．

上記のような複数の機能を持つ ALU やレジスタ類またはデータ転送回路は，信号値を記憶する回路，選択する回路，送信する回路などの基本的な回路を組み合わせることで実現される．以下では，まずそれらの基本的な回路について解説することからはじめて，各種のハードウェア要素の機能，動作のタイミング，設計手法について述べながら，最終的に演算部全体の構成について論ずることにする．

3.2 基本的な回路

コンピュータを構成する基本的な論理回路 (logic circuit) は，順序回路 (sequential circuit) と組み合せ回路 (combinational circuit) に大別[21)22)] できる．順序回路では，現在および過去の入力値に依存して出力が決まる．一方，組み合せ回路では現在の入力値だけで出力が決まる．本節では，コンピュータの動作のタイミングを与えるクロックや，それに基づいて動作するレジスタなどの順序回路の構成について述べる．また，データの選択や解読を実行する組み合せ回路についても解説する．

3.2.1 クロック

コンピュータには動作の基本となるタイミングがある．そのタイミングを与える信号がクロック (clock) である．クロックは，ハイレベル (high level) とローレベル (low level) からなる周期的なパルス (pulse) 電圧 を発振器で生成して得られる．クロックの時間的な変化を，図 3.2 のようなタイムチャートで表す．*clock* はクロック信号を表している．

クロックの立ち上がりからつぎの立ち上がりまでの期間をクロックサイクル (clock cycle) と呼ぶ．図 3.2 のクロック信号は，クロックサイクル C1, C2, C3 ⋯ に分割できる．また，一つのクロックサイクルで経過する時間をクロックサイクル時間 (clock cycle time) という．クロックサイクル時間の逆数がクロック周波数 (clock frequency) である．プロセッサの命令はクロックに同期して実行されるので，クロックサイクル時間が短いほど，いい換えればクロッ

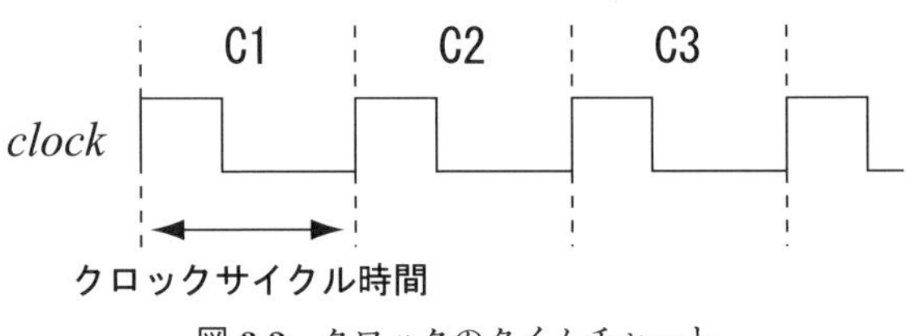

図 3.2 クロックのタイムチャート

ク周波数が高いほどコンピュータは高速で動作する.

3.2.2　D フリップフロップ

最も簡単な記憶素子は，フリップフロップ (flip-flop) と呼ばれる順序回路として実現される．さらに，このフリップフロップによってレジスタなどの記憶回路が構成できる．コンピュータでは，クロックに同期して記憶素子の値の書き込みと読み出しを行なう．そのため，多くの場合，記憶素子を構成するフリップフロップにはクロックが入力される．このように同期信号としてクロックを必要とする順序回路を**同期式順序回路**という.

1 ビットの記憶素子として最もよく用いられるフリップフロップは，**D フリップフロップ** (D flip-flop) である．これは，入力されたデータをそのまま取り込むフリップフロップである．D フリップフロップのうち，図 3.3 で表されるものは **D ラッチ** (D latch) と呼ばれる．データ入力端子 D とクロックの入力端子 CK，および二つのデータ出力端子 Q, $\bar{\mathrm{Q}}$ を持つ．出力 $\bar{\mathrm{Q}}$ は Q の否定である．$\bar{\mathrm{Q}}$ を省略して，一つの出力端子 Q だけのものもよく用いられる.

D ラッチは，クロックがハイレベルのときに入力値をそのまま出力し，クロックの立ち下がり時に入力値を記憶して，クロックがローレベルのあいだその値を維持して出力する．例えば，図 3.3 のタイムチャートのクロックサイクル C1 では，クロックの立ち下がり時に入力値 D はローレベルであり，D がハイレベルになっても，このクロックサイクルの終わりまで出力値 Q はローレベルである．クロックサイクル C2 でクロックがハイレベルになると，入力のハイレベルはそのまま出力される．クロックが立ち下がるとき，こんどは入力のハ

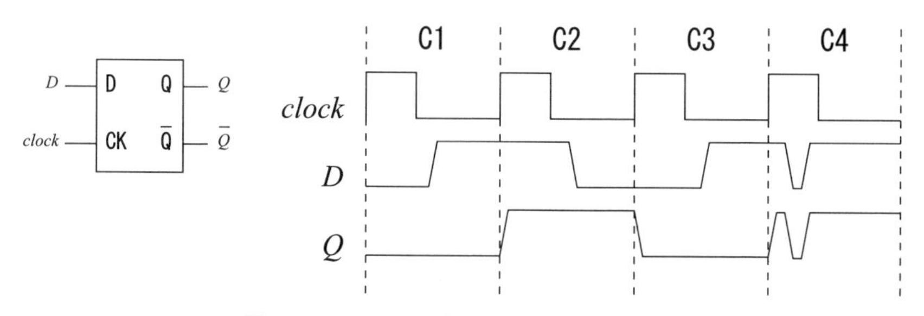

図 3.3　D ラッチの記号とタイムチャート例

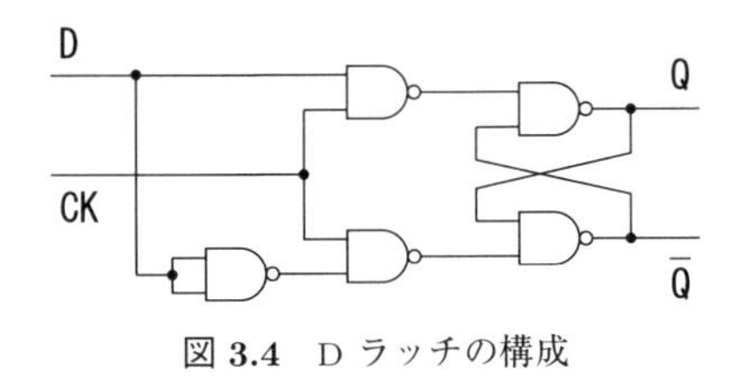

図 **3.4** D ラッチの構成

イレベルが記憶され，クロックサイクルの終わりまでそのまま出力に維持される．クロックサイクル C3 でクロックがハイレベルになって，入力がローレベルに転じたことが出力に伝播される．

D ラッチの構成を図 3.4 に示す．この回路で，D ラッチの機能が実現されていることを確かめてみよ．

D ラッチは，クロックのレベルに同期して入力値を記憶し，これを出力値として維持する．しかし，クロックがハイレベルにあるあいだは入力の変化が出力にそのまま伝播し，いわば筒抜け状態となる．例えば，図 3.3 のクロックサイクル C4 では，クロックがハイレベルのあいだの入力値の変化がそのまま出力に伝わっている．これが好ましくない状況では，クロックサイクルのある 1 時点の入力値を記憶して，それを 1 クロックサイクルのあいだ維持するような D フリップフロップが用いられる．**マスタスレーブ型 D フリップフロップ** (master-slave D flip-flop) と**エッジトリガ型 D フリップフロップ** (edge-triggered D flip-flop) がそれである．

マスタスレーブ型 D フリップフロップは，図 3.5 のように二つの D ラッチと一つのインバータで構成される．マスタラッチのクロック入力がハイレベルのとき，データ入力端子 D_1 への入力値 D の変化は出力端子 Q_1 まで伝播されるが，このときスレーブラッチのクロック入力はローレベルとなっているため出力端子 Q_2 までは伝播されない．フリップフロップ全体としては，全体のクロックがハイレベルからローレベルに立ち下がる時点の入力値 D を記憶して，つぎのクロックの立ち下がりまで出力値 Q として維持する．

エッジトリガ型 D フリップフロップは，クロックの立ち上がりまたは立ち下がりをきっかけにして入力値を記憶し，その値を 1 クロックサイクルのあいだ維持する．クロックの立ち上がりに同期して出力を決定するものをポジティ

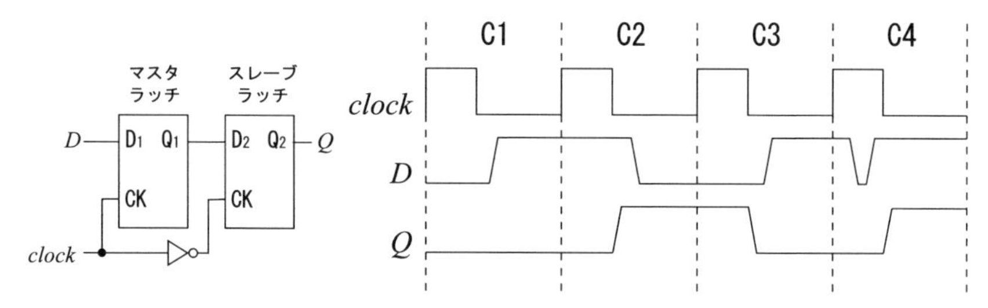

図 **3.5** マスタスレーブ型 D フリップフロップの記号とタイムチャート例

ブエッジトリガ型 (positive edge-triggered)，クロックの立ち下がりに同期して出力を決定するものをネガティブエッジトリガ型 (negative edge-triggered) とそれぞれ呼ぶ．図 3.6 に記号とポジティブエッジトリガ型 D フリップフロップのタイムチャート例を示す．図の (a) の三角印がポジティブエッジトリガを表す．(b) の三角印と丸印，すなわちポジティブエッジトリガの否定が，ネガティブエッジトリガを表す．ネガティブエッジトリガ型 D フリップフロップの機能は，マスタスレーブ型 D フリップフロップの機能と等価である．

図 3.7 にポジティブエッジトリガ D フリップフロップの回路構成を示す．この回路でポジティブエッジトリガ D フリップフロップの機能が実現されることを確かめてみよ（演習問題 (1)）．

本書では，これ以降，特に断らない限り D フリップフロップといえば，ポジティブエッジトリガ型 D フリップフロップを指すものとする．

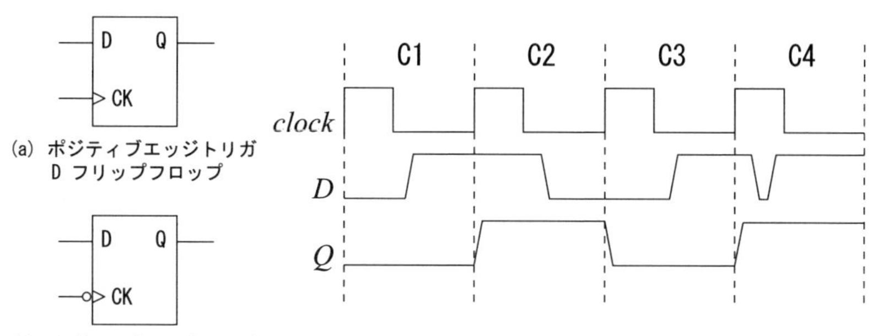

図 **3.6** エッジトリガ型 D フリップフロップの記号とポジティブエッジトリガ型のタイムチャート例

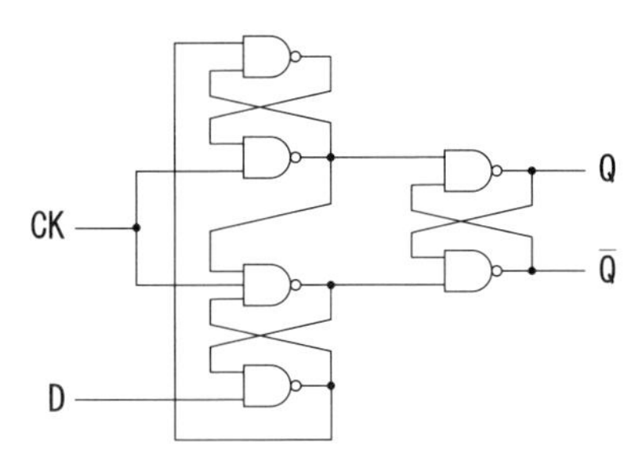

図 **3.7** ポジティブエッジトリガ型 D フリップフロップの構成

つぎの VHDL リストは，ポジティブエッジトリガ型 D フリップフロップの記述例である．port 文の CK がクロック入力端子 CK に，D がデータ入力端子 D に，Q, Q_BAR がデータ出力端子 Q, $\bar{Q}$ にそれぞれ対応する．entity 名の pos_et_d_ff が部品としての名前となる．なお，頭書きの library ieee; と use ieee.std_logic_1164.all; は，VHDL のライブラリ宣言である．これよりも後の VHDL 記述例では原則的に記載を省略する．

```
＜リスト：ポジティブエッジトリガ型 DFF ＞
library ieee;
use ieee.std_logic_1164.all;

entity pos_et_d_ff is
  port(CK,D : in  std_logic;
       Q,Q_BAR : out std_logic);
end pos_et_d_ff;

architecture BEHAVIOR of pos_et_d_ff is
  signal S_A1,S_A2,S_A3,S_A4,S_Q,S_Q_BAR:std_logic;
begin
  S_A1    <= not (S_A2 and S_A4);
  S_A2    <= not (CK and S_A1);
  S_A3    <= not (S_A2 and CK and S_A4);
  S_A4    <= not (S_A3 and D);
  S_Q     <= not (S_A2 and S_Q_BAR);
  S_Q_BAR <= not (S_Q and S_A3);
  Q       <= S_Q;
  Q_BAR   <= S_Q_BAR;
end BEHAVIOR;
```

3.2.3 レ ジ ス タ

n ビットのレジスタ (register) 回路は，1 ビットの記憶素子であるフリップフロップを並列に n 個用いて構成できる．レジスタの最も基本的な機能はデータを記憶・保持することである．データの記憶はフリップフロップの機能そのもので実現される．しかし，フリップフロップはクロックに同期して次々と入力データを取り込んで記憶を更新するため，一度取り込んだ値を継続的に保持するためには，それ以降の入力データがフリップフロップの記憶を更新するのを何らかの方法で禁止する必要がある．また実用の観点から，多くのレジスタでは保持するデータをすべてローレベルに初期化するリセット機能を持つことが望ましい．

図 3.8 は，書き込み制御機能および非同期リセット機能を持つ D フリップフロップの回路と記号，およびタイムチャート例である．(a) の回路構成では入力信号 D が AND ゲートを経由しており，*latch* 信号がハイレベルで *reset* 信号がローレベルのとき，フリップフロップは通常の動作をする．*latch* 信号がローレベルに転じると入力信号 D はフリップフロップに伝播しない．このときフリップフロップの入力には出力値がフィードバックされるので，フリップフロップが維持する値は変わらない．また，入力信号 D と *latch* 信号の値にかかわらず，*reset* 信号がハイレベルに転じたときは，クロックの立ち上がりに同

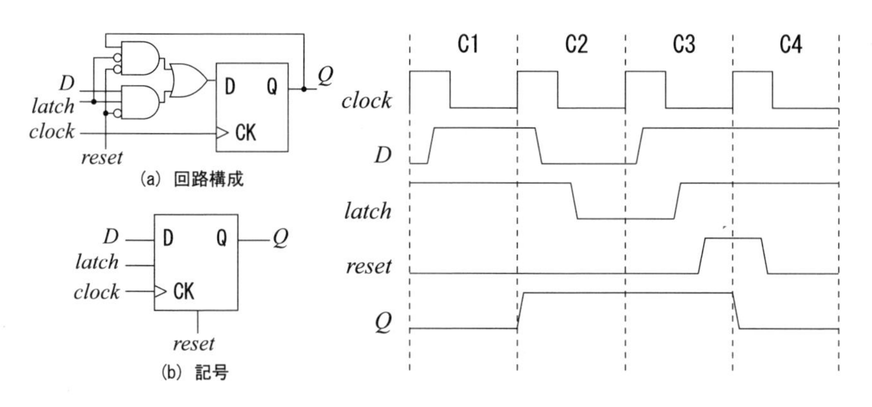

図 3.8 書き込み制御・同期リセット機能つき D フリップフロップとタイムチャート例

期してフリップフロップがローレベルに更新される*2)．フリップフロップへの新しい入力信号の書き込みは，*latch* 信号がハイレベルで *reset* 信号がローレベルのときだけ可能である．この回路を図 3.8 (b) のような略記号で表す．

以下の VHDL リストは，書き込み制御・同期リセット機能つき D フリップフロップの記述例である．component 文で，pos_et_d_ff を読み込み，ポジティブエッジトリガ型 DFF を部品として使用している．

＜リスト：書き込み制御・同期リセット機能つき D フリップフロップ＞

```
entity reg_pos_et_d_ff is
  port(clk,D,lat,rst : in  std_logic;
       Q : out std_logic);
end reg_pos_et_d_ff;

architecture BEHAVIOR of reg_pos_et_d_ff is

  component pos_et_d_ff
    port(CK,D : in  std_logic;
         Q,Q_BAR : out std_logic);
  end component;

  signal S_A,S_B,S_D,S_Q,S_Q_BAR : std_logic;

begin
  pos_et_d_ff1:pos_et_d_ff port map(clk,S_D,S_Q,S_Q_BAR);
  S_A   <= (S_Q and (not lat) and (not rst));
  S_B   <= (D and lat and (not rst));
  S_D   <=  S_A or S_B;
  Q     <=  S_Q;
end BEHAVIOR;
```

書き込み制御・同期リセット機能つき D フリップフロップを用いた 4 ビットレジスタを図 3.9 に示す．*latch* 信号がハイレベルのとき，*reset* 信号がローレベルならばレジスタへの 4 ビットデータの書き込みが可能となる．クロックの立ち上がりに同期して，入力データ a_0, a_1, a_2, a_3 が記憶される．ここで注意

*2) フリップフロップのリセット方式としては，リセット信号を検出したときにクロックとは無関係に直ちに値を初期化する非同期リセットもある．

しなければならないのは，クロックが立ち上がる時点で入力データの値が十分に安定している必要があるということである．記憶された値は，レジスタの出力データ f_0, f_1, f_2, f_3 としてつぎのクロックの立ち上がりまで変化しない．さらに *latch* 信号がローレベルに推移すれば，レジスタは，*latch* 信号が再びハイレベルになってクロックの立ち上がりを迎えるまで現在の値を保持し続ける．

COMET II で使用する 16 ビットレジスタの VHDL 記述例を以下に示す．前記の reg_pos_et_d_ff を使用している．

```
<リスト：16 ビットレジスタ>
entity reg_16 is
  port(clk,lat,rst:in  std_logic;
       a : in  std_logic_vector(15 downto 0);
       f : out std_logic_vector(15 downto 0));
end reg_16;

architecture BEHAVIOR of reg_16 is

  component reg_pos_et_d_ff
  port(clk,D,lat,rst : in  std_logic;
       Q : out std_logic);
  end component;

  signal  S_F : std_logic_vector(15 downto 0);
begin
  reg_pos_et_d_ff0 : reg_pos_et_d_ff port map(clk,a(0),lat,rst,S_F(0));
  reg_pos_et_d_ff1 : reg_pos_et_d_ff port map(clk,a(1),lat,rst,S_F(1));
  reg_pos_et_d_ff2 : reg_pos_et_d_ff port map(clk,a(2),lat,rst,S_F(2));
  reg_pos_et_d_ff3 : reg_pos_et_d_ff port map(clk,a(3),lat,rst,S_F(3));
  reg_pos_et_d_ff4 : reg_pos_et_d_ff port map(clk,a(4),lat,rst,S_F(4));
```

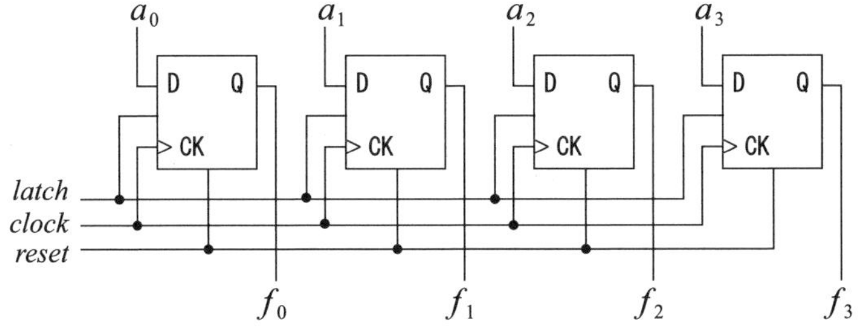

図 3.9 4 ビットレジスタの構成例

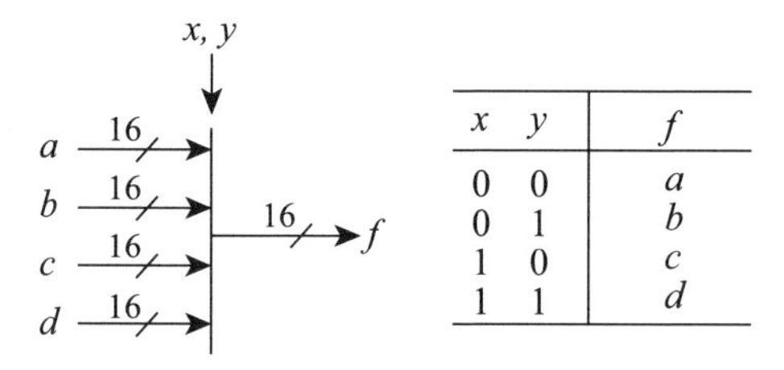

x	y	f
0	0	a
0	1	b
1	0	c
1	1	d

図 **3.10**　マルチプレクサのシンボルと真理値表

```
  reg_pos_et_d_ff5 : reg_pos_et_d_ff port map(clk,a(5),lat,rst,S_F(5));
  reg_pos_et_d_ff6 : reg_pos_et_d_ff port map(clk,a(6),lat,rst,S_F(6));
  reg_pos_et_d_ff7 : reg_pos_et_d_ff port map(clk,a(7),lat,rst,S_F(7));
  reg_pos_et_d_ff8 : reg_pos_et_d_ff port map(clk,a(8),lat,rst,S_F(8));
  reg_pos_et_d_ff9 : reg_pos_et_d_ff port map(clk,a(9),lat,rst,S_F(9));
  reg_pos_et_d_ff10 : reg_pos_et_d_ff port map(clk,a(10),lat,rst,S_F(10));
  reg_pos_et_d_ff11 : reg_pos_et_d_ff port map(clk,a(11),lat,rst,S_F(11));
  reg_pos_et_d_ff12 : reg_pos_et_d_ff port map(clk,a(12),lat,rst,S_F(12));
  reg_pos_et_d_ff13 : reg_pos_et_d_ff port map(clk,a(13),lat,rst,S_F(13));
  reg_pos_et_d_ff14 : reg_pos_et_d_ff port map(clk,a(14),lat,rst,S_F(14));
  reg_pos_et_d_ff15 : reg_pos_et_d_ff port map(clk,a(15),lat,rst,S_F(15));

  f <= S_F;
end BEHAVIOR;
```

3.2.4　信号を選択，制御，解読する組み合せ回路

前章のプログラミングモデルでは意識しなかったが，データ転送や演算の対象となるレジスタなどのハードウェアを実際に使用するには，信号を選択する回路や信号の伝播を制御する回路が必要である．また，機械語で表される命令をハードウェアで実行するには，そのビットパターンを解読し，関連するハードウェアに制御信号を与える回路が必要である．これらの回路は，以下の組み合せ回路として実現される．

複数の信号から一つの信号を選択する回路として，**マルチプレクサ** (multiplexer) がある．その機能から**セレクタ** (selector) とも呼ばれる．図 3.10 はマルチプレクサの記号と真理値表の例である．制御信号 x, y の組み合せで，a, b, c, d の 4 つの入力信号から一つを選択する．本書で取り上げる COMET II は 16 ビットのマイクロプロセッサであり，データやメモリアドレスのビット幅は 16 ビットである．a, b, c, d の各入力信号のビット幅が 16 ビットならば，実際の信号線はそれぞれ 16 本あるが，通常は簡単のため図のように '/' と '16' で略記する．他のビット幅の信号線でも同様である．なお一般に，n 種類の入力信号から一つの信号を選択するには，$\lceil \log_2 n \rceil$ ビットの制御信号が必要となる．4 入力 1 出力のマルチプレクサ (16 ビット幅) の VHDL 記述例を以下に示す．

```
<リスト：4 入力 1 出力のマルチプレクサ>
entity mux_4in_1out is
  port(x,y : in  std_logic;
       a,b,c,d: in  std_logic_vector(15 downto 0);
       f : out std_logic_vector(15 downto 0));
end mux_4in_1out;

architecture BEHAVIOR of mux_4in_1out is
  signal S_f : std_logic_vector(15 downto 0);
begin
  f <= S_F;
  process(x,y,a,b,c,d) begin
    if(x='0' and y='0') then
      S_F <= a;
    elsif(x='0' and y='1') then
      S_F <= b;
    elsif(x='1' and y='0') then
      S_F <= c;
    elsif(x='1' and y='1') then
      S_F <= d;
    else
      S_F <= "0000000000000000";
    end if;
  end process;
end BEHAVIOR;
```

信号の伝送, 遮断を制御する回路として, **3 ステートバッファ** (tri-state buffer) がある．出力が，ハイレベル，ローレベル，高インピーダンスの 3 つの状態をとる．図 3.11 は 3 ステートバッファの記号と真理値表である．制御信号 c の値がローレベルとなったとき，出力が高インピーダンス，すなわち信号の遮断状態となる．制御信号 c の値がハイレベルになったとき，入力信号 a がその

まま出力信号 f となる．3 ステートバッファ (16 ビット幅) の記述例を以下に示す．

```
＜リスト：3 ステートバッファ＞
entity tri_state_buffer is
  port(a,c : in  std_logic;
       f : out std_logic);
end tri_state_buffer;

architecture BEHAVIOR of tri_state_buffer is
  signal s_F : std_logic;
begin
  f <= s_F;
  process(a,c) begin
    if( c= '0' ) then
      s_F <= 'H';
    elsif( c='1') then
      s_F <= a;
    else
      s_F <= 'H';
    end if;
  end process;
end BEHAVIOR;
```

特定のビットパターンに対応する信号線の値だけをハイレベルにする回路をデコーダ (decoder) という．図 3.12 はデコーダの記号と真理値表の例である．入力された信号のビットパターン a_2, a_1, a_0 を解読して，出力 d_7, d_6, d_5, d_4, d_3, d_2, d_1, d_0 のうちの対応する一つをハイレベルにしている．デコーダは，機械語命令の解読や演算対象となる汎用レジスタの特定など，それぞれの目的に合った入力ビット数と出力信号数で設計される．以下に，3 ビット入力 8 ビット出力のデコーダの VHDL 記述例を示す．

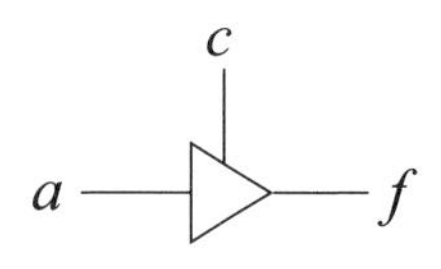

a	c	f
0	0	高インピーダンス状態
1	0	
0	1	0
1	1	1

図 3.11　3 ステートバッファの記号と真理値表

<リスト：3 ビット入力 8 ビット出力のデコーダ>

```
entity decoder_3in_8out is
  port(a2,a1,a0 : in  std_logic;
       d7,d6,d5,d4,d3,d2,d1,d0 : out std_logic);
end decoder_3in_8out;

architecture BEHAVIOR of decoder_3in_8out is
  signal S_D : std_logic_vector(7 downto 0);
begin
  d7 <= S_D(7);
  d6 <= S_D(6);
  d5 <= S_D(5);
  d4 <= S_D(4);
  d3 <= S_D(3);
  d2 <= S_D(2);
  d1 <= S_D(1);
  d0 <= S_D(0);
  process(a2,a1,a0) begin
    if(a2='0' and a1='0' and a0='0') then
      S_D <= "00000001";
    elsif(a2='0' and a1='0' and a0='1') then
      S_D <= "00000010";
    elsif(a2='0' and a1='1' and a0='0') then
      S_D <= "00000100";
    elsif(a2='0' and a1='1' and a0='1') then
      S_D <= "00001000";
    elsif(a2='1' and a1='0' and a0='0') then
      S_D <= "00010000";
    elsif(a2='1' and a1='0' and a0='1') then
      S_D <= "00100000";
    elsif(a2='1' and a1='1' and a0='0') then
      S_D <= "01000000";
    elseif(a2='1' and a1='1' and a0='1') then
```

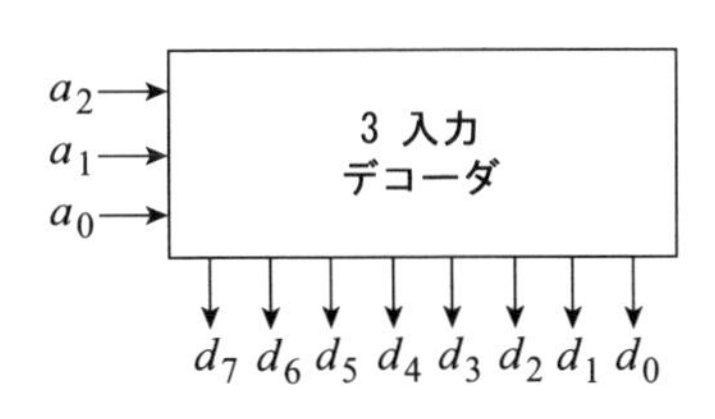

a_2	a_1	a_0	d_7	d_6	d_5	d_4	d_3	d_2	d_1	d_0
0	0	0	0	0	0	0	0	0	0	1
0	0	1	0	0	0	0	0	0	1	0
0	1	0	0	0	0	0	0	1	0	0
0	1	1	0	0	0	0	1	0	0	0
1	0	0	0	0	0	1	0	0	0	0
1	0	1	0	0	1	0	0	0	0	0
1	1	0	0	1	0	0	0	0	0	0
1	1	1	1	0	0	0	0	0	0	0

図 3.12 デコーダの記号と真理値表

```
    S_D <= "10000000";
  end if;
 end process;
end BEHAVIOR;
```

3.3 加算器とその応用

加算と減算は，プロセッサの最も基本的な演算である．ハードウェアとしてそれらの演算を実現するのが**加減算器**である．加減算器は，次節で述べる ALU の中心的な機能を受け持つ．以下では，まず加減算器を構成するための基本要素である半加算器および全加算器について述べる．つぎに，それらを組み合わせて構成した並列加算器および加減算器について述べる．また，前節のフリップフロップと半加算器を組み合わせることで，カウンタを構成できることを示す．

3.3.1 半加算器と全加算器

1 ビットの 2 進加算は，$0+0, 0+1, 1+0, 1+1$ の四つの場合を考えればよい．$1+1$ の場合には桁上がりが起こる．この演算を実現するのが**半加算器** (half adder) である．図 3.13 に半加算器の記号と回路構成を示す．a, b は加算の対象となる入力であり，f が加算結果の出力，c が**桁上がり出力** (carry) である．通常，図のように HA と略記することが多い．半加算器の VHDL 記述例を以下に示す．

<リスト：半加算器>

```
entity ha is
```

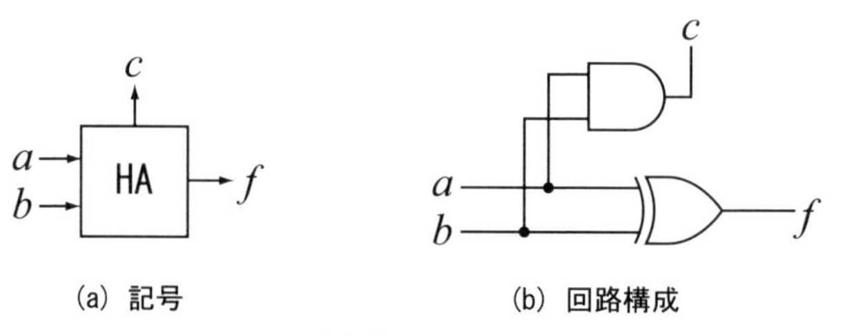

図 3.13 半加算器の記号と回路構成

```
  port(a,b : in  std_logic;
       c,f : out std_logic);
end ha;

architecture BEHAVIOR of ha is
begin
  c <= a and b;
  f <= a xor b;
end BEHAVIOR;
```

2 ビット以上の 2 進加算では，各ビットにおいて，加算の対象となる二つの入力の他に，下位ビットからの桁上がり値を加える必要がある．**全加算器** (full adder) は，桁上がり入力を含めた 3 つの値の加算を実現する加算器である．

図 3.14 に全加算器の記号と回路構成を示す．全加算器は，同図 (a) のように FA と略記される．また，同図 (b) のように二つの半加算器と一つの OR ゲートで構成できる．半加算器と同様に a, b が演算対象となる入力，f が結果出力であり，桁上がり出力 c_{out} に加えて桁上がり入力 c_{in} を持つ．入力の組み合わせ (a, b, c_{in}) が $(1,1,0)$, $(1,0,1)$, $(0,1,1)$, $(1,1,1)$ のとき桁上がりが起こる．表 3.1 に全加算器の真理値表を示す．

出力結果 f, 桁上がり出力 c_{out} を表す論理式は，

$$f = a \oplus b \oplus c_{in}, \tag{3.1}$$

$$c_{out} = ab \vee bc \vee ca \tag{3.2}$$

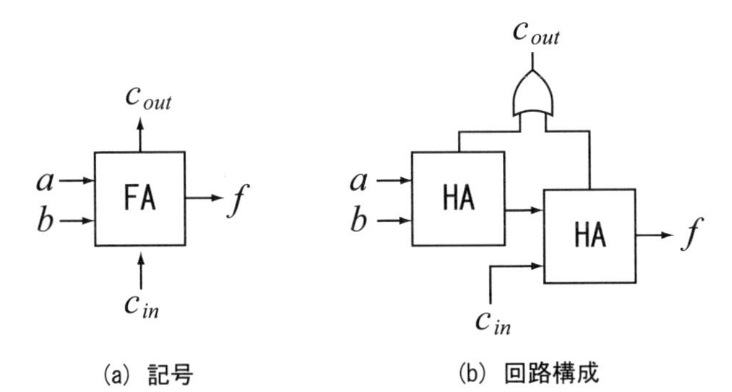

(a) 記号　(b) 回路構成

図 3.14 全加算器の記号と回路構成

表 **3.1** 全加算器の真理値表

a	b	c_{in}	f	c_{out}
0	0	0	0	0
1	0	0	1	0
0	1	0	1	0
0	0	1	1	0
1	1	0	0	1
1	0	1	0	1
0	1	1	0	1
1	1	1	1	1

である．表 3.1 の真理値表をもとにして式 (3.1), (3.2) の論理式を導いてみよ（演習問題 (4)）．

全加算器の VHDL 記述例を以下に示す．前記の半加算器が component 文で用いられている．

＜リスト：全加算器＞

```
entity fa is
  port(a,b,c_in : in  std_logic;
       c_out,f : out std_logic);
end fa;

architecture BEHAVIOR of fa is

  component ha
  port(a,b : in  std_logic;
       c,f : out std_logic);
  end component;

  signal  s_C_OUT1,s_C_OUT2,s_F1,s_F2: std_logic;
begin
  ha1:ha port map(a,b,s_C_OUT1,s_F1);
  ha2:ha port map(s_F1,c_in,s_C_OUT2,s_F2);

  f     <= s_F2;
  c_out <= s_C_OUT1 or s_C_OUT2;

end BEHAVIOR;
```

3.3.2 並列加算器

複数の全加算器によって，n ビット ($n \geq 2$) の 2 進加算器を構成できる．図 3.15 に 4 ビットの 2 進加算器を示す．このように下位ビットの全加算器の桁上がり出力を，上位ビットの全加算器の桁上がり入力へ接続して構成する加算器を**並列加算器** (parallel adder) と呼ぶ．最下位ビットへの桁上がり入力 c_0 を 0 とすれば，入力値 $A = (a_3\ a_2\ a_1\ a_0)_2$ と $B = (b_3\ b_2\ b_1\ b_0)_2$ の加算結果が $F = (f_3\ f_2\ f_1\ f_0)_2$ として得られる．このとき，各ビットからの桁上がり c_4, c_3, c_2, c_1 は，最下位ビットから順に最上位ビットまで伝播する．このような並列加算器の桁上げ方式を**リップルキャリー** (ripple carry) **方式** という．

桁上げにリップルキャリー方式を用いる並列加算器では，演算結果が決まるまでの平均時間が，加算器の演算ビット数に依存する．ビット数が大きいほど，桁上げの伝播に要する時間が大きくなるためである．桁上げに**ルックアヘッドキャリー** (look ahead carry) **方式**を採用すれば，演算ビット数に依存しない演算時間で結果を得ることができる．すなわち，最下位ビットから順番に桁上げ計算が実行されるのではなく，入力が与えられれば，すべてのビットでただちに桁上げの計算が開始される．

並列加算器の i ビット目からの桁上げ出力 c_{i+1} は，

$$c_{i+1} = a_i b_i \vee b_i c_i \vee c_i a_i \tag{3.3}$$

で表される．これを再帰的に用いれば，各ビットからの桁上げ出力は，

$$\begin{aligned} c_1 &= a_0 b_0 \vee b_0 c_0 \vee c_0 a_0 \\ &= \overline{\overline{c}_0\ \overline{a_0 b_0} \vee \overline{a_0 \vee b_0}}, \end{aligned} \tag{3.4}$$

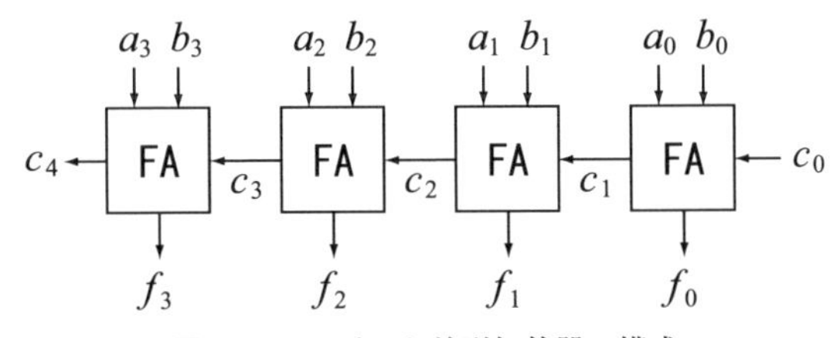

図 3.15　4 ビット並列加算器の構成

$$
\begin{aligned}
c_2 &= a_1b_1 \vee b_1c_1 \vee c_1a_1 \\
&= \overline{\overline{a_1 \vee b_1} \vee \overline{a_1b_1}\ \overline{a_0 \vee b_0} \vee \overline{a_1b_1}\ \overline{a_0b_0}\ \overline{c_0}},
\end{aligned} \tag{3.5}
$$

$$
\begin{aligned}
c_3 &= a_2b_2 \vee b_2c_2 \vee c_2a_2 \\
&= \overline{\overline{a_2 \vee b_2} \vee \overline{a_2b_2}\ \overline{a_1 \vee b_1} \vee \overline{a_2b_2}\ \overline{a_1b_1}\ \overline{a_0 \vee b_0}} \\
&\quad \overline{\vee\ \overline{a_2b_2}\ \overline{a_1b_1}\ \overline{a_0b_0}\ \overline{c_0}},
\end{aligned} \tag{3.6}
$$

$$
\begin{aligned}
c_4 &= a_3b_3 \vee b_3c_3 \vee c_3a_3 \\
&= \overline{\overline{a_3 \vee b_3} \vee \overline{a_3b_3}\ \overline{a_2 \vee b_2} \vee \overline{a_3b_3}\ \overline{a_2b_2}\ \overline{a_1 \vee b_1}} \\
&\quad \overline{\vee\ \overline{a_3b_3}\ \overline{a_2b_2}\ \overline{a_1b_1}\ \overline{a_0 \vee b_0} \vee \overline{a_3b_3}\ \overline{a_2b_2}\ \overline{a_1b_1}\ \overline{a_0b_0}\ \overline{c_0}}
\end{aligned} \tag{3.7}
$$

として得られる．i ビット目からの桁上げ出力 c_{i+1} が $a_i, a_{i-1}, \cdots, a_0$ と $b_i, b_{i-1}, \cdots, b_0$ および c_0 の入力値で直接表されることに注意されたい．また，i ビット目の演算結果 f_i は

$$
f_i = a_i \oplus b_i \oplus c_i = \overline{a_ib_i} \oplus \overline{a_i \vee b_i} \oplus c_i \tag{3.8}
$$

と表せる．これらから，ルックアヘッドキャリー方式による並列 4 ビット加算器は，図 3.16 のように構成できる．リップルキャリー方式による加算器と比較して明らかに多くのハードウェアが必要であるが，概して高速な演算が可能である．

3.3.3 加　減　算　器

並列加算器と XOR ゲートによるビット反転回路とを組み合わせて，加減算器 (adder-subtractor) すなわち加算の他に減算などが可能な回路が実現できる．

図 3.17 に 4 ビットの加減算器を示す．制御信号 s_0 がハイレベルのとき，入力 $B = (b_3\ b_2\ b_1\ b_0)_2$ の否定 $\overline{B} = (\overline{b_3}\ \overline{b_2}\ \overline{b_1}\ \overline{b_0})_2$ と入力 $A = (a_3\ a_2\ a_1\ a_0)_2$ の加算が実行される．このとき，最下位ビットへの桁上がり入力を $c_0 = 1$ とすれば，全体として $A + (\overline{B} + 1)$, すなわち $A - B$ が実現できる．一方，制御信号 s_0 がローレベルのとき，入力 B は XOR ゲートを単に通過するだけなので， $c_0 = 0$ とすれば演算は加算となる．c_0, s_0 の組み合せによって他にもい

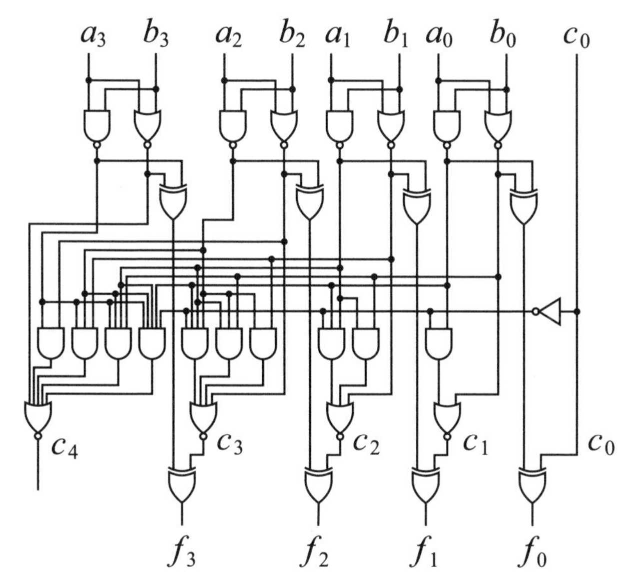

図 3.16　ルックアヘッドキャリー方式による加算器の構成

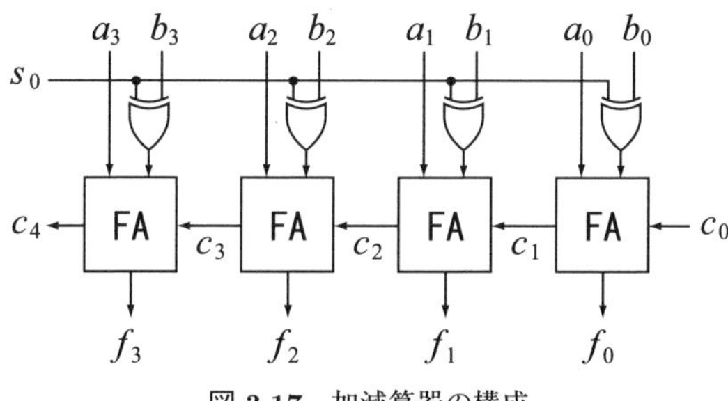

図 3.17　加減算器の構成

くつかの演算が可能となる．表 3.2 を参照されたい．

COMET II に使用するの 16 ビット加減算器の VHDL 記述例を以下に示す．

表 3.2　加減算器の真理値表

c_0	s_0	F
0	0	$A+B$
0	1	$A-B-1$
1	0	$A+B+1$
1	1	$A-B$

＜リスト：16 ビット加減算器＞

```
entity add_sub_16 is
  port(A,B : in  std_logic_vector(15 downto 0);
       c0,s0 : in  std_logic;
       c15,c16 : out std_logic;
       AaddsubB : out std_logic_vector(15 downto 0));
end add_sub_16;

architecture BEHAVIOR of add_sub_16 is

  component fa
  port(a,b,c_in : in  std_logic;
       c_out,f : out std_logic);
  end component;

  signal  S_C,S_F,S_BXORS : std_logic_vector(15 downto 0);
begin
  fa0 : fa port map(A(0),S_BXORS(0),c0,S_C(0),S_F(0));
  fa1 : fa port map(A(1),S_BXORS(1),S_C(0),S_C(1),S_F(1));
  fa2 : fa port map(A(2),S_BXORS(2),S_C(1),S_C(2),S_F(2));
  fa3 : fa port map(A(3),S_BXORS(3),S_C(2),S_C(3),S_F(3));
  fa4 : fa port map(A(4),S_BXORS(4),S_C(3),S_C(4),S_F(4));
  fa5 : fa port map(A(5),S_BXORS(5),S_C(4),S_C(5),S_F(5));
  fa6 : fa port map(A(6),S_BXORS(6),S_C(5),S_C(6),S_F(6));
  fa7 : fa port map(A(7),S_BXORS(7),S_C(6),S_C(7),S_F(7));
  fa8 : fa port map(A(8),S_BXORS(8),S_C(7),S_C(8),S_F(8));
  fa9 : fa port map(A(9),S_BXORS(9),S_C(8),S_C(9),S_F(9));
  fa10 : fa port map(A(10),S_BXORS(10),S_C(9),S_C(10),S_F(10));
  fa11 : fa port map(A(11),S_BXORS(11),S_C(10),S_C(11),S_F(11));
  fa12 : fa port map(A(12),S_BXORS(12),S_C(11),S_C(12),S_F(12));
  fa13 : fa port map(A(13),S_BXORS(13),S_C(12),S_C(13),S_F(13));
  fa14 : fa port map(A(14),S_BXORS(14),S_C(13),S_C(14),S_F(14));
  fa15 : fa port map(A(15),S_BXORS(15),S_C(14),S_C(15),S_F(15));

  S_BXORS(0) <= B(0) xor s0;
  S_BXORS(1) <= B(1) xor s0;
  S_BXORS(2) <= B(2) xor s0;
  S_BXORS(3) <= B(3) xor s0;
  S_BXORS(4) <= B(4) xor s0;
  S_BXORS(5) <= B(5) xor s0;
  S_BXORS(6) <= B(6) xor s0;
  S_BXORS(7) <= B(7) xor s0;
```

```
  S_BXORS(8) <= B(8) xor s0;
  S_BXORS(9) <= B(9) xor s0;
  S_BXORS(10) <= B(10) xor s0;
  S_BXORS(11) <= B(11) xor s0;
  S_BXORS(12) <= B(12) xor s0;
  S_BXORS(13) <= B(13) xor s0;
  S_BXORS(14) <= B(14) xor s0;
  S_BXORS(15) <= B(15) xor s0;

  AaddsubB<= S_F;
  c15 <= S_C(14);
  c16 <= S_C(15);
end BEHAVIOR;
```

3.3.4 カ ウ ン タ

記憶している値をクロックに同期して 1 ずつ増やすレジスタを，**カウンタ** (counter) または**インクリメンタ** (incrementer) と呼ぶ．加算器とフリップフロップによってカウンタを構成することができる．

図 3.15 の 4 ビット並列加算器において，入力 b_3, b_2, b_1, b_0 をすべて 0 とし，最下位ビットへの桁上げ入力を $c_0 = 1$ とすれば，図 3.18 (a) のようになる．これは，入力 $A = (a_3\ a_2\ a_1\ a_0)_2$ に 1 を加える回路となる．この回路の全加算器部分は，最上位ビットからの桁上がりを無視すれば，半加算器と基本ゲートで同図 (b) のように置き換えられる（演習問題 (7)）．さらにここで，加算器の出力 f_3, f_2, f_1, f_0 それぞれにフリップフロップを接続し，それらの出力を改めて f_3, f_2, f_1, f_0 として，同時にそれを加算器の入力へ接続すれば，同図 (c) のような 4 ビットカウンタが得られる．ある時点でフリップフロップが出力している 4 ビットの値には，加算器で 1 が加えられる．その値はフリップフロップの入力まで伝播している．*latch* 信号がハイレベルならば，つぎのクロックの立ち上がりでその値はフリップフロップに取り込まれる．すなわち，フリップフロップの出力値は全体として 1 だけ増加する．*latch* 信号がローレベルならば，カウンタの値は増加しない．

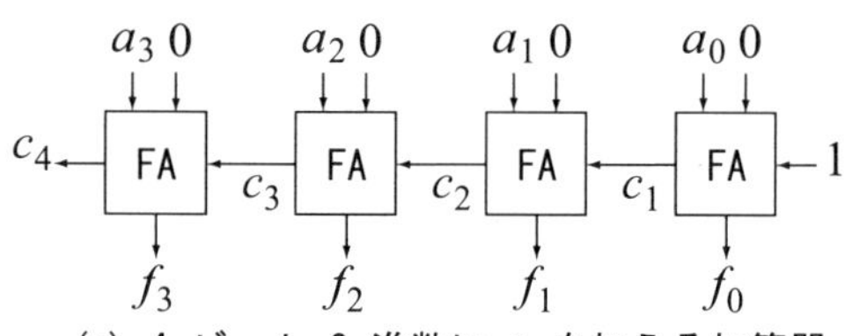

(a) 4 ビット 2 進数に 1 を加える加算器

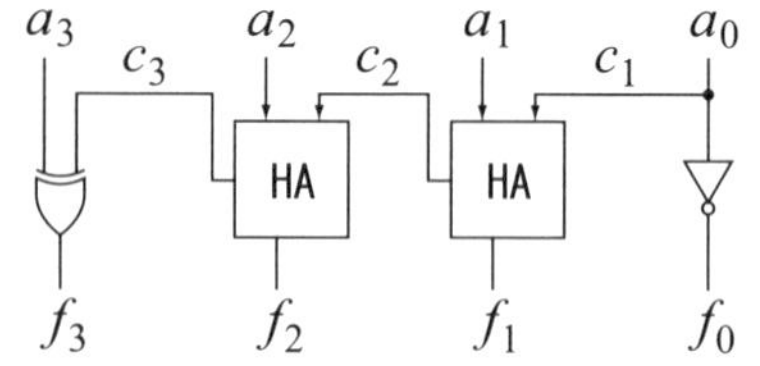

(b) 半加算器と基本ゲートによる置き換え

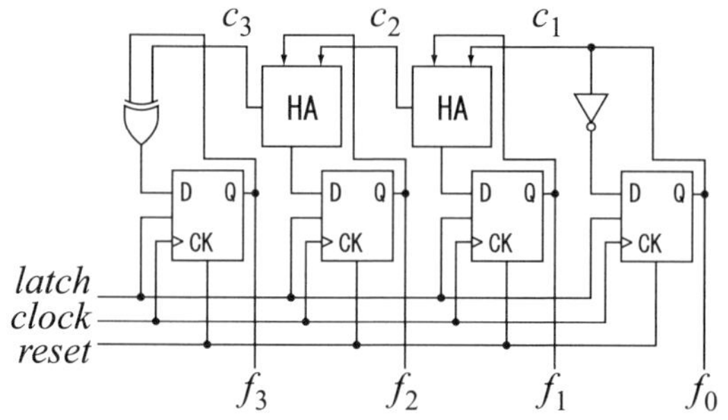

(c) フリップフロップを追加してできた 4 ビットカウンタ

図 3.18 カウンタの構成

3.3.5 書き換え機能つきカウンタ

カウンタの値を随時書き換えることができれば好都合である．そのようなカウンタは，例えばプログラムレジスタとして使用される．図 3.19 に 4 ビットの書き換え機能つきカウンタを示す．

各フリップフロップの入力には，2 入力のマルチプレクサが接続されている．マルチプレクサの制御信号 s_{inc} によって，現在のフリップフロップの出力値を 1 増加した値をフリップフロップへ取り込むか，外部からの値 d_3 d_2 d_1 d_0 をフリップフロップに取り込むかを決める．

プログラムレジスタでは，つぎに実行すべき命令が格納されているメモリ番地を記憶しておく．プログラムはメモリの番地順に 2 ワードまたは 1 ワードの

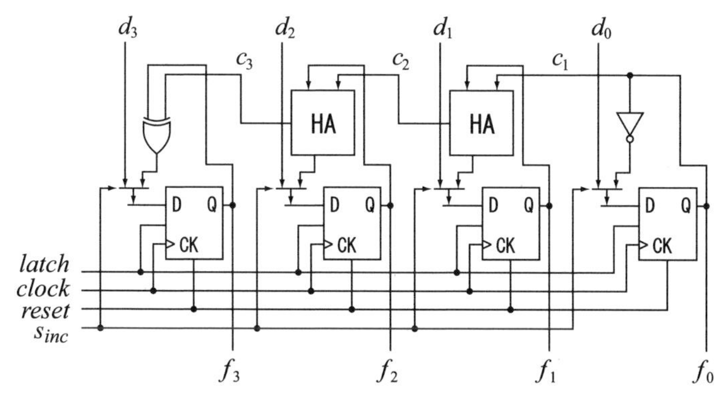

図 3.19 書き換え機能つきカウンタの構成

命令列としてメモリに格納されている．現在実行中の命令が終了するとカウンタの値を 2 または 1 増やして，つぎに実行すべき命令のある場所を指示する．分岐命令などを実行したときは，それが指定した番地をカウンタに読み込む．

COMET II に使用する 16 ビット書き換え機能つきカウンタの VHDL 記述例を以下に示す．前述の半加算器と，書き込み制御・同期リセット機能つき D フリップフロップを使用している．

```
<リスト：16 ビット書き換え機能つきカウンタ>
entity rw_counter_16 is
  port(lat,clk,rst,s_inc : in  std_logic;
       d : in  std_logic_vector(15 downto 0);
       f : out std_logic_vector(15 downto 0));
end rw_counter_16;

architecture BEHAVIOR of rw_counter_16 is

  component ha
  port(a,b : in  std_logic;
       c,f : out std_logic);
  end component;

  component reg_pos_et_d_ff is
  port(clk,D,lat,rst : in  std_logic;
       Q : out std_logic);
  end component;
```

```
  signal  S_HA_F : std_logic_vector(13 downto 0);
  signal  S_C : std_logic_vector(14 downto 0);
  signal  S_F,S_D : std_logic_vector(15 downto 0);

begin
  ha1 : ha port map(S_F(1),S_C(0),S_C(1),S_HA_F(0));
  ha2 : ha port map(S_F(2),S_C(1),S_C(2),S_HA_F(1));
  ha3 : ha port map(S_F(3),S_C(2),S_C(3),S_HA_F(2));
  ha4 : ha port map(S_F(4),S_C(3),S_C(4),S_HA_F(3));
  ha5 : ha port map(S_F(5),S_C(4),S_C(5),S_HA_F(4));
  ha6 : ha port map(S_F(6),S_C(5),S_C(6),S_HA_F(5));
  ha7 : ha port map(S_F(7),S_C(6),S_C(7),S_HA_F(6));
  ha8 : ha port map(S_F(8),S_C(7),S_C(8),S_HA_F(7));
  ha9 : ha port map(S_F(9),S_C(8),S_C(9),S_HA_F(8));
  ha10 : ha port map(S_F(10),S_C(9),S_C(10),S_HA_F(9));
  ha11 : ha port map(S_F(11),S_C(10),S_C(11),S_HA_F(10));
  ha12 : ha port map(S_F(12),S_C(11),S_C(12),S_HA_F(11));
  ha13 : ha port map(S_F(13),S_C(12),S_C(13),S_HA_F(12));
  ha14 : ha port map(S_F(14),S_C(13),S_C(14),S_HA_F(13));
  ff0 : reg_pos_et_d_ff port map(clk,S_D(0),lat,rst,S_F(0));
  ff1 : reg_pos_et_d_ff port map(clk,S_D(1),lat,rst,S_F(1));
  ff2 : reg_pos_et_d_ff port map(clk,S_D(2),lat,rst,S_F(2));
  ff3 : reg_pos_et_d_ff port map(clk,S_D(3),lat,rst,S_F(3));
  ff4 : reg_pos_et_d_ff port map(clk,S_D(4),lat,rst,S_F(4));
  ff5 : reg_pos_et_d_ff port map(clk,S_D(5),lat,rst,S_F(5));
  ff6 : reg_pos_et_d_ff port map(clk,S_D(6),lat,rst,S_F(6));
  ff7 : reg_pos_et_d_ff port map(clk,S_D(7),lat,rst,S_F(7));
  ff8 : reg_pos_et_d_ff port map(clk,S_D(8),lat,rst,S_F(8));
  ff9 : reg_pos_et_d_ff port map(clk,S_D(9),lat,rst,S_F(9));
  ff10 : reg_pos_et_d_ff port map(clk,S_D(10),lat,rst,S_F(10));
  ff11 : reg_pos_et_d_ff port map(clk,S_D(11),lat,rst,S_F(11));
  ff12 : reg_pos_et_d_ff port map(clk,S_D(12),lat,rst,S_F(12));
  ff13 : reg_pos_et_d_ff port map(clk,S_D(13),lat,rst,S_F(13));
  ff14 : reg_pos_et_d_ff port map(clk,S_D(14),lat,rst,S_F(14));
  ff15 : reg_pos_et_d_ff port map(clk,S_D(15),lat,rst,S_F(15));

  S_C(0) <= S_F(0);
  f <= S_F;

  process(s_inc,d,S_D,S_F,S_C,S_HA_F) begin
  if(s_inc = '1') then
    S_D(0)          <= not S_F(0);
```

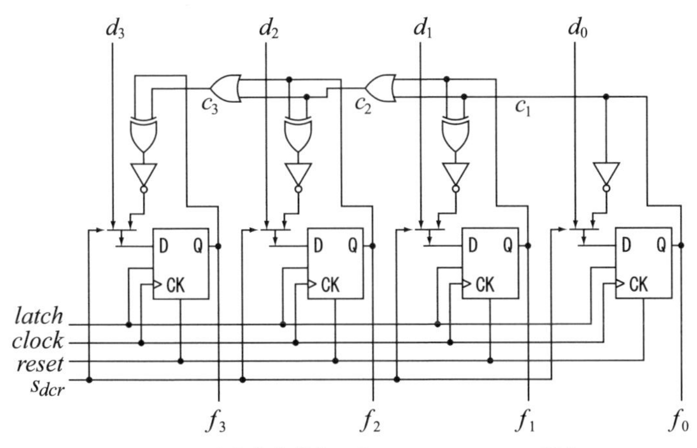

図 3.20　書き換え機能つきダウンカウンタの構成

```
    S_D(14 downto 1) <= S_HA_F;
    S_D(15)          <= S_F(15) xor S_C(14);
  else
    S_D <= d;
  end if;
  end process;

end BEHAVIOR;
```

3.3.6　ダウンカウンタ

カウンタはクロックに同期して値を 1 ずつ増加させるレジスタであるが，逆に，値を 1 ずつ減少させるレジスタもある．それは**ダウンカウンタ** (down counter) または**ディクリメンタ** (decrementer) と呼ばれる．前述のカウンタを，このダウンカウンタと対峙して表現するときには，アップカウンタ (up counter) と呼ぶ．

図 3.20 に 4 ビットの**書き換え機能つきダウンカウンタ**の構成を示す．制御信号 s_{dcr} および $latch$ がハイレベルのとき，クロックの立ち上がりごとに記憶された値が 1 ずつ減少する．制御信号 s_{dcr} がローレベルのときは，クロックの立ち上がりに同期して外部からの値 $d_3\ d_2\ d_1\ d_0$ を取り込む．アップカウンタや他のレジスタと同様に，$latch$ 信号がローレベルのときは記憶された値は変化しない．

COMET II では，書き換え機能つきダウンカウンタをスタックポインタに使用する．以下に，16 ビット書き換え機能つきダウンカウンタの VHDL 記述例を以下に示す．

＜リスト：16 ビット書き換え機能つきダウンカウンタ＞

```
entity rw_d_counter_16 is
  port(lat,clk,rst,s_dcr:in  std_logic;
       d : in  std_logic_vector(15 downto 0);
       f : out std_logic_vector(15 downto 0));
end rw_d_counter_16;

architecture BEHAVIOR of rw_d_counter_16 is

  component reg_pos_et_d_ff is
  port(
       clk,D,lat,rst : in  std_logic;
       Q : out std_logic
       );
  end component;

  signal  S_C : std_logic_vector(14 downto 0);
  signal  S_D,S_F : std_logic_vector(15 downto 0);
begin
  ff0 : reg_pos_et_d_ff port map(clk,S_D(0),lat,rst,S_F(0));
  ff1 : reg_pos_et_d_ff port map(clk,S_D(1),lat,rst,S_F(1));
  ff2 : reg_pos_et_d_ff port map(clk,S_D(2),lat,rst,S_F(2));
  ff3 : reg_pos_et_d_ff port map(clk,S_D(3),lat,rst,S_F(3));
  ff4 : reg_pos_et_d_ff port map(clk,S_D(4),lat,rst,S_F(4));
  ff5 : reg_pos_et_d_ff port map(clk,S_D(5),lat,rst,S_F(5));
  ff6 : reg_pos_et_d_ff port map(clk,S_D(6),lat,rst,S_F(6));
  ff7 : reg_pos_et_d_ff port map(clk,S_D(7),lat,rst,S_F(7));
  ff8 : reg_pos_et_d_ff port map(clk,S_D(8),lat,rst,S_F(8));
  ff9 : reg_pos_et_d_ff port map(clk,S_D(9),lat,rst,S_F(9));
  ff10 : reg_pos_et_d_ff port map(clk,S_D(10),lat,rst,S_F(10));
  ff11 : reg_pos_et_d_ff port map(clk,S_D(11),lat,rst,S_F(11));
  ff12 : reg_pos_et_d_ff port map(clk,S_D(12),lat,rst,S_F(12));
  ff13 : reg_pos_et_d_ff port map(clk,S_D(13),lat,rst,S_F(13));
  ff14 : reg_pos_et_d_ff port map(clk,S_D(14),lat,rst,S_F(14));
  ff15 : reg_pos_et_d_ff port map(clk,S_D(15),lat,rst,S_F(15));

  process(s_dcr,d,S_F) begin
  if(s_dcr = '1') then
```

```
    S_D(0) <= not S_F(0);
    S_D(1) <= not (S_F(1) xor S_F(0));
    S_D(2) <= not (S_F(2) xor (S_F(1) or S_F(0)));
    S_D(3) <= not (S_F(3) xor (S_F(2) or S_F(1) or S_F(0)));
    S_D(4) <= not (S_F(4) xor (S_F(3) or S_F(2) or S_F(1) or S_F(0)));
    S_D(5) <= not (S_F(5) xor (S_F(4) or S_F(3) or S_F(2) or S_F(1)
                   or S_F(0)));
    S_D(6) <= not (S_F(6) xor (S_F(5) or S_F(4) or S_F(3) or S_F(2)
                   or S_F(1) or S_F(0)));
    S_D(7) <= not (S_F(7) xor (S_F(6) or S_F(5) or S_F(4) or S_F(3)
                   or S_F(2) or S_F(1) or S_F(0)));
    S_D(8) <= not (S_F(8) xor (S_F(7) or S_F(6) or S_F(5) or S_F(4)
                   or S_F(3) or S_F(2) or S_F(1) or S_F(0)));
    S_D(9) <= not (S_F(9) xor (S_F(8) or S_F(7) or S_F(6) or S_F(5)
                   or S_F(4) or S_F(3) or S_F(2) or S_F(1) or S_F(0)));
    S_D(10) <= not (S_F(10) xor (S_F(9) or S_F(8) or S_F(7) or S_F(6)
                    or S_F(5) or S_F(4) or S_F(3) or S_F(2) or S_F(1)
                    or S_F(0)));
    S_D(11) <= not (S_F(11) xor (S_F(10) or S_F(9) or S_F(8) or S_F(7)
                    or S_F(6) or S_F(5) or S_F(4) or S_F(3) or S_F(2)
                    or S_F(1) or S_F(0)));
    S_D(12) <= not (S_F(12) xor (S_F(11) or S_F(10) or S_F(9) or S_F(8)
                    or S_F(7) or S_F(6) or S_F(5) or S_F(4) or S_F(3)
                    or S_F(2) or S_F(1) or S_F(0)));
    S_D(13) <= not (S_F(13) xor (S_F(12) or S_F(11) or S_F(10) or S_F(9)
                    or S_F(8) or S_F(7) or S_F(6) or S_F(5) or S_F(4)
                    or S_F(3) or S_F(2) or S_F(1) or S_F(0)));
    S_D(14) <= not (S_F(14) xor (S_F(13) or S_F(12) or S_F(11) or S_F(10)
                    or S_F(9) or S_F(8) or S_F(7) or S_F(6) or S_F(5)
                    or S_F(4) or S_F(3) or S_F(2) or S_F(1) or S_F(0)));
    S_D(15) <= not (S_F(15) xor (S_F(14) or S_F(13) or S_F(12) or S_F(11)
                    or S_F(10) or S_F(9) or S_F(8) or S_F(7) or S_F(6)
                    or S_F(5) or S_F(4) or S_F(3) or S_F(2) or S_F(1)
                    or S_F(0)));
  else
    S_D <= d;
  end if;
  end process;

  f <= S_F;

end BEHAVIOR;
```

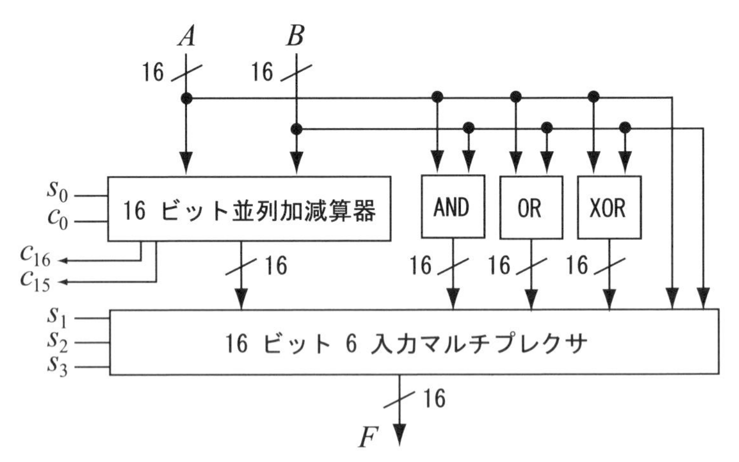

図 3.21　算術論理演算ユニットの構成例

3.4　算術論理演算ユニットとシフタ

プロセッサの演算回路を構成するのは ALU とシフタである．本節では，それらの構成要素と演算の結果を表す状態フラグなどについて述べる．

3.4.1　算術論理演算ユニット

ALU(Arithmetic Logic Unit) すなわち算術論理演算ユニットは，算術加減算や論理演算を実現する組み合せ回路である．COMET II の ALU では論理加減算，すなわち符号なし 2 進数の加減算も実現する．16 ビットの符号なし 2 進数の減算は，16 桁のデータの最上位ビットの上に仮想の符号ビットがあるものと考え，17 ビットの符号つき 2 進数の減算として計算する．ただし，実際には 16 ビットの符号つき 2 進数と同一の加減算器および同一の制御信号で減算を実行することができる（演習問題 (8)）.

図 3.21 は，算術論理演算ユニットの構成例である．A および B は，演算の対象となる入力データ (16 ビット) である．F は演算を実行して得られる出力データである．入力でデータ A および B は枝分かれして，並列加減算器，論

理積，論理和，排他的論理和の各演算ユニットに入力される．並列加減算器は，図 3.17 の 4 ビット加減算器を 16 ビットに拡張したものである．c_0 は最下位ビットへの桁上がり入力信号，s_0 は加減算の選択制御信号である．また，c_{15}，c_{16} はそれぞれ最上位ビットへの桁上がり出力信号と最上位ビットからの桁上がり出力信号である．論理積，論理和および排他的論理和の各演算ユニットは，基本ゲートを並列に組み合わせるだけで構成できる．

以下に，16 ビット幅の論理積，論理和，排他的論理和の演算ユニットについての VHDL 記述例を示す．

＜リスト：論理積演算ユニット＞

```
entity and_16 is
  port(A,B : in  std_logic_vector(15 downto 0);
       AandB : out std_logic_vector(15 downto 0));
end and_16;

architecture BEHAVIOR of and_16 is
begin
  AandB <= A and B;
end BEHAVIOR;
```

＜リスト：論理和演算ユニット＞

```
entity or_16 is
  port(A,B : in  std_logic_vector(15 downto 0);
       AorB : out std_logic_vector(15 downto 0));
end or_16;

architecture BEHAVIOR of or_16 is
begin
  AorB <= A or B;
end BEHAVIOR;
```

＜リスト：排他的論理和演算ユニット＞

```
entity xor_16 is
  port(A,B : in  std_logic_vector(15 downto 0);
       AxorB : out std_logic_vector(15 downto 0));
end xor_16;

architecture BEHAVIOR of xor_16 is
```

表 **3.3**　算術論理演算ユニットの真理値表

s_1	s_2	s_3	F
1	1	1	加減算器の真理値表（表 3.2）に同じ
0	1	1	AB
1	0	1	$A \vee B$
1	1	0	$A \oplus B$
1	0	0	A
0	1	0	B
0	0	0	#0000

```
begin
  AxorB <= A xor B;
end BEHAVIOR;
```

これらの演算ユニットからの出力をマルチプレクサへ入力し，必要な演算結果を選択して ALU の出力とする．ただし，マルチプレクサには，入力 A, B そのままのデータも入力される．それらが選択されたときは，ALU は単なるデータの伝送路となる．s_1, s_2, s_3 がマルチプレクサの選択信号である．表 3.3 に選択信号と ALU 全体としての演算機能の関係を表す真理値表を示す．$(s_1, s_2, s_3) = (0, 0, 0)$ のとき，すべてのビットの出力がローレベルになるようにマルチプレクサを設計している．

16 ビット 6 入力マルチプレクサと ALU の VHDL 記述例を以下に示す．

```
＜リスト：16 ビット 6 入力マルチプレクサ＞
entity mux_16bit is
  port(s1,s2,s3 : in  std_logic;
       AaddsubB,AandB,AorB,AxorB,A,B
         : in  std_logic_vector(15 downto 0);
       F : out std_logic_vector(15 downto 0));
end mux_16bit;

architecture BEHAVIOR of mux_16bit is
  signal S_F : std_logic_vector(15 downto 0);
begin
  F <= S_F;
  process(s1,s2,s3,AaddsubB,AandB,AorB,AxorB,A,B) begin
    if(s1 ='1' and s2 ='1' and s3 ='1') then
      S_F <= AaddsubB;
```

```
    elsif(s1 ='0' and s2 ='1' and s3 ='1') then
      S_F <= AandB;
    elsif(s1 = '1' and s2 ='0' and s3='1') then
      S_F <= AorB;
    elsif(s1 ='1' and s2 ='1' and s3='0') then
      S_F <= AxorB;
    elsif(s1 ='1' and s2 ='0' and s3='0') then
      S_F <= A;
    elsif(s1 ='0' and s2 ='1' and s3='0') then
      S_F <= B;
    else
      S_F <= "0000000000000000";
    end if;
  end process;
end BEHAVIOR;
```

＜リスト：ALU＞

```
entity alu is
  port(c0,s0,s1,s2,s3:in  std_logic;
       A,B : in  std_logic_vector(15 downto 0);
       c15,c16 : out std_logic;
       F : out std_logic_vector(15 downto 0));
end alu;

architecture BEHAVIOR of alu is

  component add_sub_16
  port(A,B : in  std_logic_vector(15 downto 0);
       c0,s0 : in  std_logic;
       c15,c16 : out std_logic;
       AaddsubB : out std_logic_vector(15 downto 0));
  end component;

  component and_16
  port(A,B : in  std_logic_vector(15 downto 0);
       AandB : out std_logic_vector(15 downto 0));
  end component;

  component or_16
  port(A,B : in  std_logic_vector(15 downto 0);
       AorB : out std_logic_vector(15 downto 0));
  end component;
```

```
  component xor_16
  port(A,B : in  std_logic_vector(15 downto 0);
       AxorB : out std_logic_vector(15 downto 0));
  end component;

  component mux_16bit
  port(s1,s2,s3 : in  std_logic;
       AaddsubB,AandB,AorB,AxorB,A,B : in std_logic_vector(15 downto 0);
       F : out std_logic_vector(15 downto 0));
  end component;

  signal  S_C15,S_C16 : std_logic;
  signal  S_AaddsubB,S_AandB,S_AorB,S_AxorB,
          S_A,S_B,S_F : std_logic_vector(15 downto 0);
begin
  add_sub_16_1 : add_sub_16 port map(A,B,c0,s0,S_C15,S_C16,S_AaddsubB);
  and_16_1 : and_16 port map(A,B,S_AandB);
  or_16_1 : or_16 port map(A,B,S_AorB);
  xor_16_1 : xor_16 port map(A,B,S_AxorB);
  mux_16bit1 : mux_16bit port map(s1,s2,s3,
                                S_AaddsubB,S_AandB,S_AorB,S_AxorB,A,B,S_F);

  c15 <= S_C15;
  c16 <= S_C16;
  F   <= S_F;
end BEHAVIOR;
```

3.4.2 シ　フ　タ

シフタ (shifter) は，シフト演算命令を実現する組み合せ回路である．COMET II には，データの符号ビットを除いてビットシフトする算術シフトと，符号ビットを含めてビットシフトする論理シフトがある．

図 3.22 に，データ幅 4 ビットの 1 ビットシフタの構成例を示す．d_3, d_2, d_1, d_0 は入力データである．出力データ f_3, f_2, f_1, f_0 は，入力データを 1 ビットだけ左または右にシフトした値をとる．左右のシフトは，制御信号 s_L または s_R をハイレベルにすることで選択する．s_L, s_R ともにローレベルのときは，各ビットで入力をそのまま出力するようにマルチプレクサを設計する．

最下位ビットでは，右シフトのときに入力値 d_0 が R_{out} へ送り出される．逆

表 3.4　データ幅 4 ビットの 1 ビットシフタの真理値表

s_{ari}	s_L	s_R	L_{out}	f_3	f_2	f_1	f_0	R_{out}
1	0	0	0	d_3	d_2	d_1	d_0	0
1	1	0	d_2	d_3	d_1	d_0	0	0
1	0	1	0	d_3	d_3	d_2	d_1	d_0
0	0	0	0	d_3	d_2	d_1	d_0	0
0	1	0	d_3	d_2	d_1	d_0	0	0
0	0	1	0	0	d_3	d_2	d_1	d_0

に左シフトのときには 0 が最下位ビットに取り込まれて出力される．最上位ビットでは，算術シフトと論理シフトの選択制御信号 s_{ari} によって機能が変わる（ari は arithmetic の意）．s_{ari} がハイレベルなら，最上位ビットでは左右いずれのシフトのときにも入力値をそのまま出力する．すなわち，最上位ビットはシフトしない．ただし，右シフトでは最上位ビットの右隣のビットにも入力値 d_3 が取り込まれて出力される．また，左シフトで L_{out} へ送り出される値は入力値 d_2 となる．一方，s_{ari} がローレベルなら，最上位ビットでは，右シフトで 0 が取り込まれて出力される．左シフトでは入力値 d_2 が最上位ビットに取り込まれて出力され，入力値 d_3 が L_{out} へ送り出される．表 3.4 にデータ幅 4 ビットの 1 ビットシフタの真理値表を示す．

この 1 ビットシフタでは，1 回のデータ入出力で 1 ビットのシフトを実現する．したがって，k ビットのシフトを実現するには k 回のデータ入出力が必要である．シフト演算の対象となるレジスタは，格納している値を何らかのデー

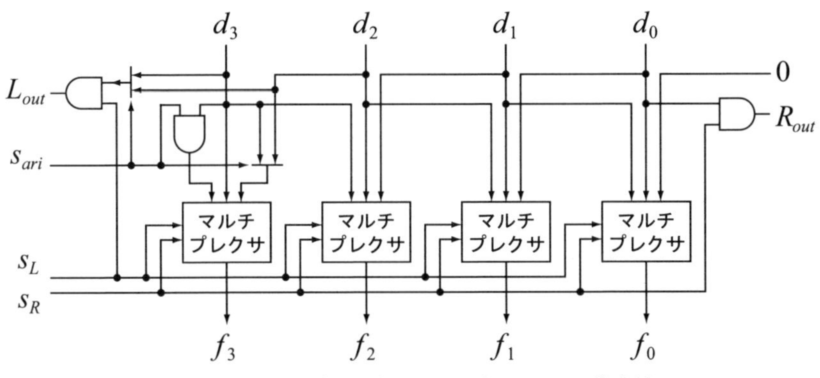

図 3.22　データ幅 4 ビットの 1 ビットシフタ構成例

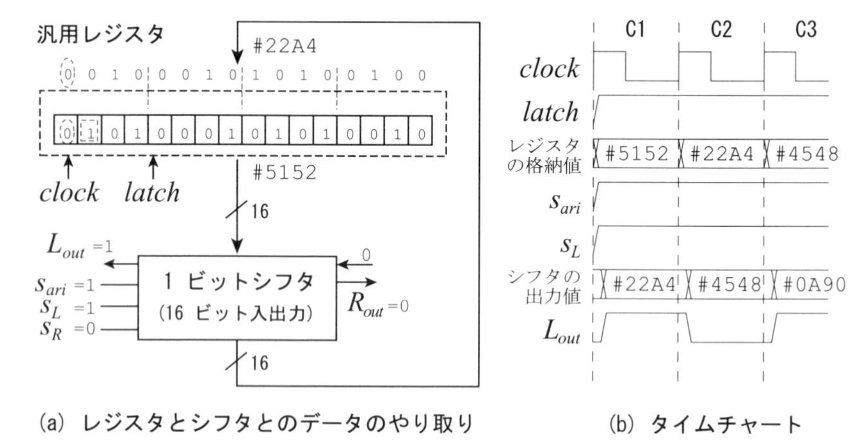

図 3.23　算術左シフト命令の実行

タ転送路を使ってシフタへ入力し，出力された演算結果をやはり何らかの転送経路によって受信する．1 クロックサイクルでこの動作が実行されるので，k ビットのシフトには k クロックサイクル必要である．図 3.23 (a) に，算術左シフト命令における汎用レジスタとシフタとのデータのやり取りを示す．また，同図 (b) は 2 ビット以上のシフトを実行するときのタイムチャートである．同図 (a) では，汎用レジスタが格納する値 #5152 がシフタに入力され，その出力値 #22A4 が汎用レジスタの入力に伝搬している．同図 (b) のサイクル C2 のクロックの立ち上がりで，これがレジスタに書き込まれる．2 回目のシフトでもこれが繰り返される．すなわち，レジスタの新しい格納値 #22A4 がシフタに入力され，出力値 #4548 がレジスタの入力に伝搬する．そして，サイクル C3 のクロックの立ち上がりでそれがレジスタに書き込まれる．

以下に，3 入力 1 出力マルチプレクサと，それを用いて構成したデータ幅 16 ビットの 1 ビットシフタの VHDL 記述例を示す．

```
<リスト：3 入力 1 出力マルチプレクサ>
entity mux_3in_1out is
  port(
       s_L,s_R,d_R,d_in,d_L : in  std_logic;
       f : out std_logic
       );
end mux_3in_1out;
```

```
architecture BEHAVIOR of mux_3in_1out is
  signal S_f : std_logic;
begin
  f <= S_F;
  process(s_L,s_R,d_L,d_in,d_R) begin
    if(s_L='0' and s_R='0') then
      S_F <= d_in;
    elsif(s_L='0' and s_R='1') then
      S_F <= d_R;
    elsif(s_L='1' and s_R='0') then
      S_F <= d_L;
    else
      S_F <= '0';
    end if;
  end process;
end BEHAVIOR;


<リスト：データ幅 16 ビットの 1 ビットシフタ>
entity shifter_16 is
  port(s_ari,s_L,s_R : in  std_logic;
       d : in  std_logic_vector(15 downto 0);
       L_out,R_out : out std_logic;
       f : out  std_logic_vector(15 downto 0));
end shifter_16;

architecture BEHAVIOR of shifter_16 is

  component MUX_3IN_1OUT
  port(s_L,s_R,d_R,d_in,d_L : in  std_logic;
       f : out std_logic);
  end component;

  signal  S_M15_D_R,S_M15_D_L: std_logic;
  signal  S_F: std_logic_vector(15 downto 0);

begin
  MUX_0 : MUX_3IN_1OUT port map(s_L,s_R,d(1),d(0),'0',S_F(0));
  MUX_1 : MUX_3IN_1OUT port map(s_L,s_R,d(2),d(1),d(0),S_F(1));
  MUX_2 : MUX_3IN_1OUT port map(s_L,s_R,d(3),d(2),d(1),S_F(2));
  MUX_3 : MUX_3IN_1OUT port map(s_L,s_R,d(4),d(3),d(2),S_F(3));
  MUX_4 : MUX_3IN_1OUT port map(s_L,s_R,d(5),d(4),d(3),S_F(4));
```

```
  MUX_5 : MUX_3IN_1OUT port map(s_L,s_R,d(6),d(5),d(4),S_F(5));
  MUX_6 : MUX_3IN_1OUT port map(s_L,s_R,d(7),d(6),d(5),S_F(6));
  MUX_7 : MUX_3IN_1OUT port map(s_L,s_R,d(8),d(7),d(6),S_F(7));
  MUX_8 : MUX_3IN_1OUT port map(s_L,s_R,d(9),d(8),d(7),S_F(8));
  MUX_9 : MUX_3IN_1OUT port map(s_L,s_R,d(10),d(9),d(8),S_F(9));
  MUX_10 : MUX_3IN_1OUT port map(s_L,s_R,d(11),d(10),d(9),S_F(10));
  MUX_11 : MUX_3IN_1OUT port map(s_L,s_R,d(12),d(11),d(10),S_F(11));
  MUX_12 : MUX_3IN_1OUT port map(s_L,s_R,d(13),d(12),d(11),S_F(12));
  MUX_13 : MUX_3IN_1OUT port map(s_L,s_R,d(14),d(13),d(12),S_F(13));
  MUX_14 : MUX_3IN_1OUT port map(s_L,s_R,d(15),d(14),d(13),S_F(14));
  MUX_15 : MUX_3IN_1OUT port map(s_L,s_R,S_M15_D_R,d(15),S_M15_D_L,S_F(15));

  S_M15_D_R <= d(15) and s_ari;
  process(s_ari,s_L,d(15),d(14)) begin
    if(s_ari = '0') then
      S_M15_D_L <= d(14);
    else
      S_M15_D_L <= d(15);
    end if;
  end process;
  process(s_ari,s_L,d(15),d(14)) begin
    if(s_ari = '0') then
      L_out <= d(15) and s_L;
    else
      L_out <= d(14) and s_L;
    end if;
  end process;
  R_out <= d(0) and s_R;
  f     <= S_F;
end BEHAVIOR;
```

1 ビットシフタを用いてシフト命令を実現すると，命令実行時間はシフトするビット数に依存する．したがって実際のプロセッサの設計では，多くの場合 1 クロックで k ビットシフトが可能なバレルシフタ (barrel shifter) と呼ばれるシフタが用いられる（演習問題 (9)）．ただし，バレルシフタでは 1 ビットシフタより多くのハードウェアを必要とする．すなわち，加算器の桁上げにおけるリップルキャリー方式とルックアヘッド方式と同様に，二つの方式には性能とハードウェア量とのトレードオフの関係が存在する．

3.4.3 演算回路の構成と状態信号

演算回路の構成は，ALU とシフタの接続形態によっていくつか考えられる．本書では，図 3.24 に示すような典型的な構成を前提とする．

COMET II の設計にあたっては，一つのクロックサイクルで，ALU とシフタの両方が実質的な演算を実行することはない．例えば，ALU が算術加減算などの演算を実行するときは，シフタの制御信号 $SHIFT_{op} = (s_{ari}, s_L, s_R)$ がデータの通り抜け状態，すなわちスルーモード (through mode) に設定される．また，シフタがシフト演算を実行するときには，ALU が入力 A または B をそのまま出力するように制御信号 $ALU_{op} = (c_0, s_0, s_1, s_2, s_3)$ を設定する．

ALU からは，演算結果の他に，加減算で生じる最上位ビットからの桁上がり c_{16} と最上位ビットへの桁上がり c_{15} が取り出され，状態フラグの値 $V = c_{16} \oplus c_{15}$ および $C = c_{16}$ が生成される．またシフタからは，演算結果の他に，シフトによって左右から送り出される値 L_{out}, R_{out} が出力される．さらに，シフタの出力からは，データの最上位ビット値を表す信号 N と，すべてのビットの値が 0 のとき 1 となる信号 Z の値が並列に取り出される．これらの値は，演算の実行によって生ずる特別な結果を検出するために使用される．特に信号 N, Z, V, C は，従来からプロセッサの設計ではよく用いられる．

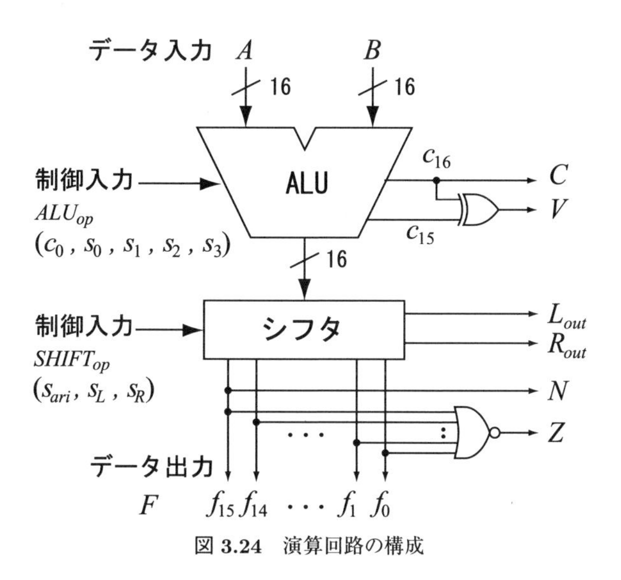

図 3.24 演算回路の構成

3.4.4 フラグレジスタの生成

以下では，上記の状態信号から COMET II のフラグレジスタ OF, SF, ZF の値を生成する方法について考える．

COMET II で，フラグレジスタを更新する命令は，ロード命令 LD, 算術加減算命令 ADDA, SUBA, 論理加減算命令 ADDL, SUBL, 論理演算命令 AND, OR, XOR, 算術比較命令 CPA, 論理比較命令 CPL, シフト命令 SLA, SRA, SLL, SRL である．ここで注意を要するのは，命令ごとに各フラグレジスタの設定方法が異なるという点である．

フラグ OF に着目すると，ADDA, SUBA および ADDL, SUBL では加減算の結果オーバーフローが発生した場合に 1 が設定される．SLA, SRA, SLL, SRL ではシフト演算によって最後に送り出された値が OF に設定される．その他の命令では，つねに OF に 0 が設定される．

フラグ SF に着目すると，CPA, CPL では，第 1 オペランドが指定する値と第 2 オペランドが指定する値を比較して，第 1 オペランドが指定する値の方が小さいときに SF に 1 が設定される．その他の命令では，実行結果の最上位ビット（符号ビット）の値が SF に設定される．

フラグ ZF については，すべての命令で，演算結果の全部のビットが 0 のときに 1 が設定される．

これらの仕様から，フラグレジスタの値の生成で特に検討を要するのは，

- 算術加減算における符号つき 2 進数のオーバフローの検出
- 論理加減算における符号なし 2 進数のオーバフローの検出
- 算術比較命令における符号つき 2 進数の大小関係の判定
- 論理比較命令における符号なし 2 進数の大小関係の判定

の 4 項目であることがわかる．ここで，データ A, B, F を n ビットとし，

$$A = a_{n-1}\ a_{n-2}\ a_{n-3}\ \cdots\ a_1\ a_0, \tag{3.9}$$

$$B = b_{n-1}\ b_{n-2}\ b_{n-3}\ \cdots\ b_1\ b_0, \tag{3.10}$$

$$F = f_{n-1}\ f_{n-2}\ f_{n-3}\ \cdots\ f_1\ f_0 \tag{3.11}$$

と表して，それぞれの項目について考察すると以下の結果を得る．ただし，ビッ

ト番号 k のビットへの桁上がり値を c_k とする．

算術加算，すなわち符号つき 2 進数の加算 $F = A + B$ で，結果がオーバフローしたとき，すなわち $-2^{n-1} \sim 2^{n-1}$ の範囲に収まらなかったとき，$V = c_n \oplus c_{n-1}$ の値が 1 となる．逆に $V = 0$ のとき，オーバフローは発生しない．したがって，$V = c_n \oplus c_{n-1} = 1$ によって完全にオーバフローの発生を検出できる．このことは，(1) $A \geq 0$ かつ $B \geq 0$，(2) $A \geq 0$ かつ $B < 0$，または $A < 0$ かつ $B \geq 0$，(3) $A < 0$ かつ $B < 0$ の三つの場合に分けて確認できる．

例えば，(1) の $A \geq 0$ かつ $B \geq 0$ の場合，それぞれの最上位ビット a_{n-1}, b_{n-1} は 0 である．このとき $A + B$ は

$$
\begin{array}{rlllllll}
 & & 0 & a_{n-2} & a_{n-3} & \cdots & a_1 & a_0 \\
 & & 0 & b_{n-2} & b_{n-3} & \cdots & b_1 & b_0 \\
+\ ) & 0 \Leftarrow & c_{n-1} \Leftarrow & c_{n-2} \Leftarrow & c_{n-3} \Leftarrow & \cdots & c_1 \Leftarrow & 0 \Leftarrow \\
\hline
 & & f_{n-1} & f_{n-2} & f_{n-3} & \cdots & f_1 & f_0
\end{array}
$$

と表せる．したがって c_n はつねに 0 となる．また，$f_{n-1} = c_{n-1}$ だから，加算 $A+B$ の結果の正負は c_{n-1} で決まる．これらから，$V = c_n \oplus c_{n-1} = c_{n-1} = 1$ のとき，正整数の加算に対して負の演算結果が生じる．すなわちオーバフローが生じる．一方，$V = 0$ のときにはオーバフローが生じない．(2), (3) の場合についても同様にして確かめよ（演習問題 (10)）．算術減算，すなわち符号つき 2 進数の減算は加算に帰着されるため，加算と同様に $V = 1$ でオーバフローが検出できる．

論理加減算，すなわち符号なし 2 進数の加減算では，加算と減算でオーバフローの検出方法が異なる．加算 $F = A + B$ では，$C = c_n = 1$，すなわち最上位ビットからの桁上がりが起こることでオーバフローが検出される．これは，符号なし 2 進数の意味から明らかである．一方，減算 $F = A - B$ では $\overline{C} = \overline{c_n} = 1 (C = c_n = 0)$，すなわち最上位ビットからの桁上がりがないことでオーバフローが検出される．これは，$A - B$ でオーバフローが生じる (1) $0 \leq A < B \leq 2^{n-1} - 1$，(2) $0 \leq A < 2^{n-1} \leq B \leq 2^n - 1$，(3) $2^{n-1} \leq A < B \leq 2^n - 1$ の三つの場合に $C = 0$ となることと，$A - B$ でオーバフローが生じない (4) $0 \leq B \leq A \leq 2^{n-1} - 1$，(5) $0 \leq B < 2^{n-1} \leq A \leq 2^n - 1$，

(6) $2^{n-1} \leq B \leq A \leq 2^n - 1$ の三つの場合に $C = 1$ となることをそれぞれ示すことで確かめられる．

例えば，(1) の $0 \leq A < B \leq 2^{n-1} - 1$ の場合，$A - B$ でオーバフローが生じて，結果は見かけ上 $2^{n-1} + 1 \leq A - B \leq 2^n - 1$ となる．すなわち演算結果の最上位ビットは 1 となる．A, B の最上位ビットはいずれも 0 であるから，$A - B$ は

$$
\begin{array}{lllllll}
 & & 0 & a_{n-2} & a_{n-3} & \cdots & a_1 & a_0 \\
 & & 1 & \overline{b_{n-2}} & \overline{b_{n-3}} & \cdots & \overline{b_1} & \overline{b_0} \\
+\ ) & 0 \Leftarrow & 0 \Leftarrow & c_{n-2} \Leftarrow & c_{n-3} \Leftarrow & \cdots & c_1 \Leftarrow & 1 \Leftarrow \\
\hline
 & & 1 & f_{n-2} & f_{n-3} & \cdots & f_1 & f_0
\end{array}
$$

と表せる．演算結果の最上位ビット f_{n-1} が 1 であるためには，$c_{n-1} = 0$ かつ $c_n = 0$ でなければならない．したがって $C = c_n = 0$ が成り立つ．(2), (3) の場合においても $C = 0$ となること，また (4), (5), (6) の場合において $C = 1$ となることをそれぞれ同様にして確かめよ（演習問題 (12)）．

算術比較命令における大小関係の判定では，$A - B$ の演算実行後，$N \oplus V = 0$ ならばオーバフローの有無にかかわらず $A \geq B$ であり，逆に $N \oplus V = 1$ ならばオーバフローの有無にかかわらず $A < B$ であると判定できる．これは，$A \geq B$ のとき，(1) $A \geq 0$ かつ $B \geq 0$，(2) $A \geq 0$ かつ $B < 0$，(3) $A < 0$ かつ $B < 0$ の三つの場合で $A - B$ の結果 $N \oplus V = 0$ となることと，$A < B$ のとき，(4) $A \geq 0$ かつ $B > 0$，(5) $A < 0$ かつ $B \geq 0$，(6) $A < 0$ かつ $B < 0$ の三つの場合で $A - B$ の結果 $N \oplus V = 1$ となることをそれぞれ示すことで確かめられる（演習問題 (11)）．

また，論理比較命令における大小関係の判定では，符号なし 2 進数が対象であるから，$A - B$ の演算でオーバフローが生じることが $A < B$ であるための必要十分条件となる．すなわち，前述の議論から $\overline{C} = 1 (C = 0)$ ならば $A < B$ であると判断できる．

以上の結果から，COMET II のフラグレジスタの値を生成する回路を設計できる．図 3.25 はその例である．フラグレジスタの書き込み制御信号 $Flatch$ は，実行される命令がフラグレジスタを更新する命令のときだけハイレベルとなる．制御信号 s_{cmp} は比較命令 CPA, CPL が実行されるときハイレベルと

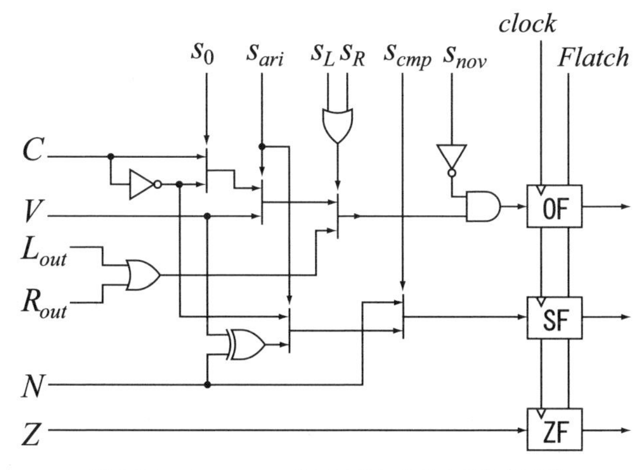

図 3.25　COMET II のフラグレジスタの生成回路

なる（*cmp* は compare の意）．制御信号 s_{nov} は，LD, AND, OR, XOR, CPA, CPL の各命令が実行されるときハイレベルとなり，フラグ OF の値を 0 に設定する（*nov* は no overflow flag の意）．

各命令の実行に伴う制御信号の設定と，フラグ OF, SF に設定される状態信号の関係を表 3.5 に示す．例えば，ADDA 命令では制御信号 s_{ari} だけがハイレベルとなり，OF フラグには信号 V, SF フラグには信号 N の値が設定される．また，CPA 命令では制御信号 $s_0, s_{ari}, s_{cmp}, s_{nov}$ がハイレベルとなり，OF フラグには 0, SF フラグには $N \oplus V$ の値が設定される．

表 3.5　COMET II のフラグレジスタ OF, SF の真理値表

命令コード	s_0	s_{ari}	$s_L \vee s_R$	s_{cmp}	s_{nov}	OF	SF
ADDA	0	1	0	0	0	V	N
SUBA	1	1	0	0	0	V	N
ADDL	0	0	0	0	0	C	N
SUBL	1	0	0	0	0	$\overline{C}$	N
SLA, SRA	0	1	1	0	0	$L_{out} \vee R_{out}$	N
SLL, SRL	0	0	1	0	0	$L_{out} \vee R_{out}$	N
CPA	1	1	0	1	1	0	$N \oplus V$
CPL	1	0	0	1	1	0	$\overline{C}$
AND, OR, XOR	0	0	0	0	1	0	N
LD	0	0	0	0	1	0	N

以下に，COMET II のフラグレジスタの生成回路の VHDL 記述例を示す.

＜リスト：フラグレジスタの生成回路＞

```
entity flag_reg is
  port(clk,Flat,s_0,s_ari,s_L,s_R,s_cmp,s_nov,
       C,V,L_out,R_out,N,Z : in  std_logic;
       OF_Q,SF_Q,ZF_Q : out std_logic);
end flag_reg;

architecture BEHAVIOR of flag_reg is

  component reg_pos_et_d_ff
  port(clk,D,lat,rst : in  std_logic;
       Q : out std_logic);
  end component;

  signal  S_OF_D,S_OF_Q,S_SF_D,S_SF_Q,S_ZF_D,S_ZF_Q,
  S_s_0,S_s_ari1,S_s_ari2,S_s_l_or_s_r,S_s_cmp,S_s_nov : std_logic;

begin
  OverflowFlag : reg_pos_et_d_ff port map(clk,S_OF_D,Flat,'0',S_OF_Q);
  SignFlag : reg_pos_et_d_ff port map(clk,S_SF_D,Flat,'0',S_SF_Q);
  ZeroFlag : reg_pos_et_d_ff port map(clk,S_ZF_D,Flat,'0',S_ZF_Q);
process(C,s_0)begin
  if(s_0 = '0')then
    S_s_0 <= C;
  else
    S_s_0 <= not C;
  end if;
end process;

process(S_s_0,V,s_ari)begin
  if(s_ari = '0')then
    S_s_ari1 <= S_s_0;
  else
    S_s_ari1 <= V;
  end if;
end process;

process(S_s_ari1,L_out,R_out,s_L,s_R)begin
  if(s_L ='0' and s_R = '0')then
    S_s_l_or_s_r <= S_s_ari1;
```

```
  else
    S_s_l_or_s_r <= L_out or R_out;
  end if;
end process;

S_OF_D <= not s_nov and S_s_l_or_s_r;

process(C,V,N,s_ari)begin
  if(s_ari ='0')then
    S_s_ari2 <= not C;
  else
    S_s_ari2 <= V xor N;
  end if;
end process;

process(N,S_s_ari2,s_cmp)begin
  if(s_cmp ='0')then
    S_s_cmp <= N;
  else
    S_s_cmp <= S_s_ari2;
  end if;
end process;

S_SF_D <= S_s_cmp and not Z;
S_ZF_D <= Z;
OF_Q <= S_OF_Q;
SF_Q <= S_SF_Q;
ZF_Q <= S_ZF_Q;
end BEHAVIOR;
```

3.5 レジスタ転送レベル

機械語命令に対するプロセッサの動作は，レジスタやメモリに格納されたデータの転送と，ALU などの機能モジュールによる演算によって表現できる．そのような動作の抽象化レベルを**レジスタ転送レベル** (register transfer level)，または略して **RT レベル** (RT Level) と呼ぶ．本節では，レジスタ転送レベルの設計，すなわちレジスタや ALU，シフタ，メモリなどの機能モジュールを信号線で結合し，データのやり取りと演算を可能にするための設計について述べる．

3.5.1　マイクロ操作とデータ転送

通常，レジスタ間のデータ転送や機能モジュールによる演算などの操作は，一つのクロックサイクルのあいだに実行される．この操作を**マイクロ操作** (micro operation) と呼ぶことにする．複数のマイクロ操作が平行して実行されることがある．一つまたは二つ以上のクロックサイクルで，プロセッサの機械語命令が実行される．そのためマイクロ操作は機械語命令と同等か，それよりもやや具体的な表現によって記述される．

最も基本的なマイクロ操作は，データ転送用マイクロ操作である．本書では，レジスタ R1 が格納しているデータをレジスタ R0 へ転送するマイクロ操作を

$$\mathrm{R0} \leftarrow \mathrm{R1} \tag{3.12}$$

と記述する．'←' がデータの転送を表す．

図 3.26 は，レジスタ間のデータ転送を表す回路である．データ転送元のレジスタに格納されているデータは，バス (bus) と呼ばれる電気回路の信号線に出力される．バスには，同時に複数のレジスタからデータを出力することはできない．何らかの方法でデータを出力するレジスタを選択する必要がある．図 3.26 の (a) では，レジスタ GR1 と GR2 の出力をマルチプレクサによって選択する．一方，図 3.26 の (b) では，3 ステートバッファによって出力すべきレジスタだけをバスへ接続する．

一定の時間が経過したのち，バスの値がデータ転送元レジスタの出力データ

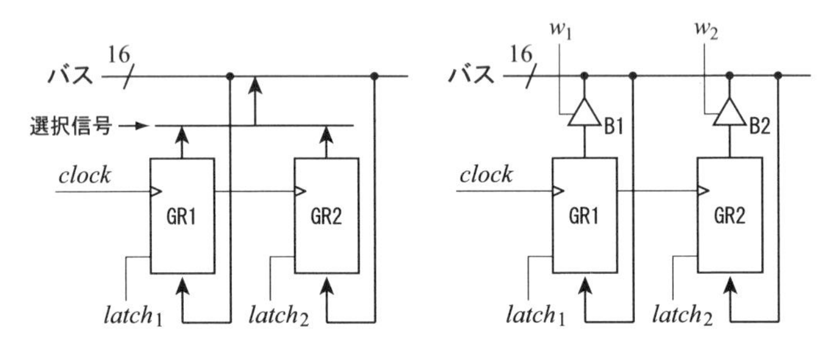

(a) マルチプレクサによるバス接続　　(b) 3 ステートバッファによるバス接続

図 3.26　バスによるレジスタ間のデータ転送

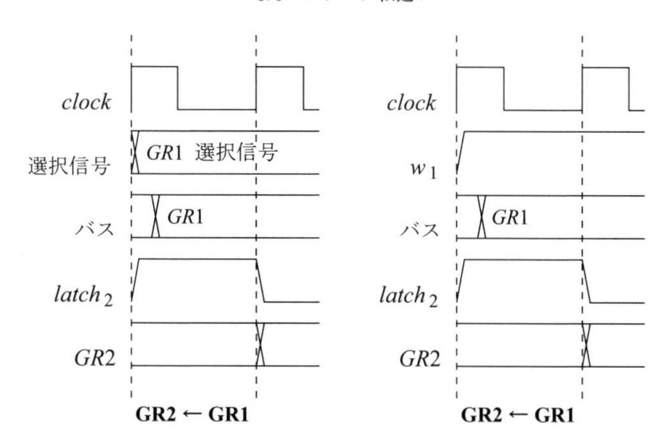

(a) マルチプレクサによる選択　(b) 3 ステートバッファによる選択

図 3.27 データ転送のタイムチャート

と同じ値に変化する．バスの値が十分に安定してからデータ転送先のレジスタがバスのデータ信号を取り込む．具体的には，あるクロックサイクルでデータ転送元のレジスタからデータがバスへ出力されるとき，そのクロックサイクルの終了時点，すなわちつぎのクロックの立ち上がり時点でデータ転送先のレジスタに値が書き込まれる．図 3.27 のバス転送のタイムチャートに注目されたい．データ転送元レジスタの選択が，一つ目のクロックサイクルのクロックの立ち上がりに同期して行なわれている．同じクロックに同期して，転送元でのデータ出力が開始されるが，バスの値が確定するまでには時間遅れがある．また，データ転送先のレジスタは，バスの値を取り込むために *latch* 信号をハイレベルにしている．この信号の変化も同じクロックに同期している．一方，転送先でのデータの更新は，つぎのクロックサイクルのクロックの立ち上がりに同期している．それと同時に，バスの値を取り込む必要がなくなるので，*latch* 信号がローレベルに変化している．全体としては，1 クロックサイクルでデータ転送が実行されることがわかる．

なお，データの転送先のレジスタは一つとは限らない．同時に複数のレジスタがバスのデータを読み込んで格納することができる．また，転送元のレジスタと転送先のレジスタが同じであってもよい．

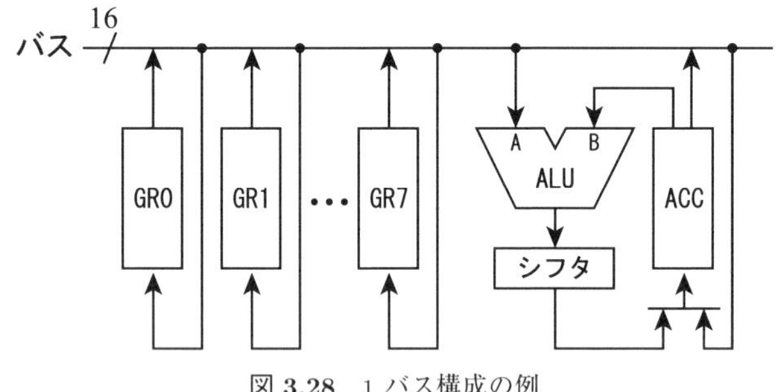

図 3.28　1 バス構成の例

3.5.2　バ　ス　構　成

プロセッサで演算を実行するには，レジスタが格納するデータを ALU やシフタなどの演算機能を持つモジュールに転送し，そこで得られた演算結果をレジスタに返す仕組みが必要である．そのような仕組みを**バス構成**と呼ぶ．バス構成にはいくつかの方式があり，それぞれ演算の実行性能やハードウェア量に違いがある．

図 3.28 は，**1 バス構成**と呼ばれる構成を表している．プロセッサ内の基本的なバスは 1 本である．ACC はアキュムレータ (accumulator) と呼ばれるレジスタで，演算結果を一時的に蓄えておく機能を持つ．**累算器**とも呼ばれる．クロックやレジスタの *latch* 信号，バスへの選択信号，ALU とシフタの機能選択信号などは省略されている．

1 バス構成では，ハードウェア量が少なくてすむ反面，演算命令実行時間が長くなる．例えば，レジスタ GR0 と GR1 がそれぞれ格納するデータの加算を実行し，結果をレジスタ GR0 へ格納する演算命令を考えよう．COMET II の機械語命令 ADDA GR0, GR1 に相当する．これを図 3.28 の 1 バス構成で実現するには，3 クロックサイクルの実行時間が必要となる．まず，はじめの 1 クロックサイクル C1 で，GR0 のデータをバスとマルチプレクサ経由で ACC へ転送する．つぎにクロックサイクル C2 で，GR1 のデータをバス経由で ALU の A 入力へ転送すると同時に，ACC のデータを ALU の B 入力へ転送する．ALU での加算の結果は，シフタとマルチプレクサ経由で ACC まで伝播する．つぎのクロックサイクル C3 のクロックの立ち上がりに同期して ACC の値が更新される．そのクロックサイクル C3 では，更新された ACC の

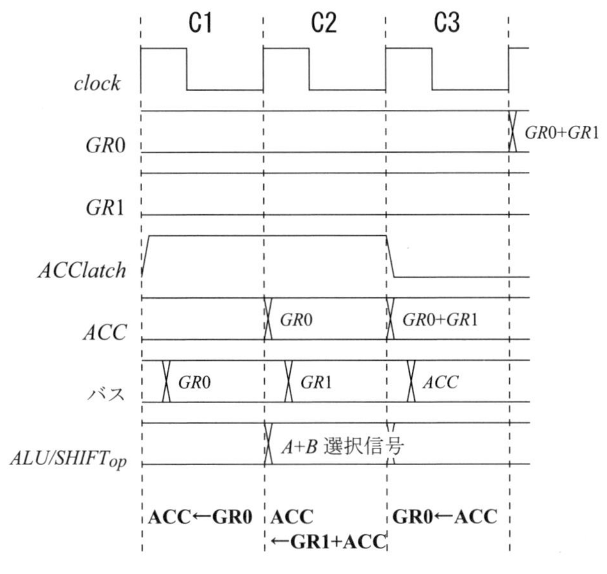

図 3.29　1 バス構成のタイムチャート

値がバス経由でレジスタ GR0 へ伝播する．つぎのクロックサイクルのクロックの立ち上がりで，GR0 の値が加算結果で更新される．各クロックサイクルのマイクロ操作は

$$\mathsf{C1}\colon \ \mathrm{ACC} \leftarrow \mathrm{GR0}, \tag{3.13}$$

$$\mathsf{C2}\colon \ \mathrm{ACC} \leftarrow \mathrm{GR1} + \mathrm{ACC}, \tag{3.14}$$

$$\mathsf{C3}\colon \ \mathrm{GR0} \leftarrow \mathrm{ACC} \tag{3.15}$$

と書ける．C2 の ‘+’ が加算を表す．

図 3.29 にこれらのマイクロ操作を実行するタイムチャートを示す．*ACClatch* はレジスタ ACC への信号の伝播を制御する．データを取り込む必要のあるクロックサイクルではハイレベルとなっている．

つぎに，上記の演算命令の実行時間を短縮するバス構成について考察する．図 3.30 は，**2** バス構成と呼ばれる構成を示している．RG は，アキュムレータと同様に GR0 の値を一時的に保存するレジスタである．しかし演算結果は，この RG に蓄えられることなく，バス B を経由してレジスタ GR0 に返される．そのため，この構成では 2 クロックサイクルで演算命令を完了することができる．二つのクロックサイクルにおけるマイクロ操作は

$$\text{C1: RG} \leftarrow \text{GR0}, \tag{3.16}$$

$$\text{C2: GR0} \leftarrow \text{RG} + \text{GR1} \tag{3.17}$$

と記述できる．図 3.31 に，演算命令実行時のタイムチャートを示す．

さらに，演算命令実行時間を短縮できる構成がある．図 3.32 は，**3 バス構成**と呼ばれる構成と演算命令実行時のタイムチャートを表している．各レジスタは，バス A およびバス B の二つのバスにデータを出力できる．すなわち，ALU の A 入力と B 入力に同一クロックサイクルでデータを入力できるため，演算は 1 クロックサイクルで完了する．マイクロ操作は

$$\text{C1: GR0} \leftarrow \text{GR0} + \text{GR1} \tag{3.18}$$

となる．最近のプロセッサでは，レジスタ間の命令を頻繁に使用するため，多くの場合にこのような 3 バス構成が採用される．

なお，加算の他にも算術論理演算のためのマイクロ操作がある．減算，論理積，論理和，排他的論理和では，それぞれ ‘−’, ‘AND’, ‘OR’, ‘XOR’ を用いて加算と同様に記述する．

3.5.3　メモリアクセス

コンピュータを構成する上で前提とするメモリの仕様をメモリモデルという．

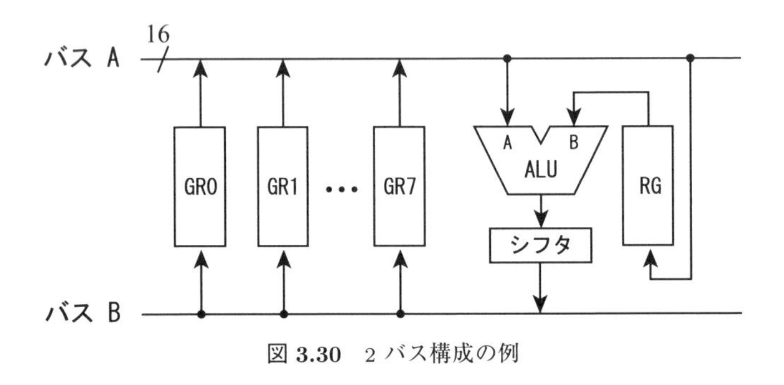

図 **3.30**　2 バス構成の例

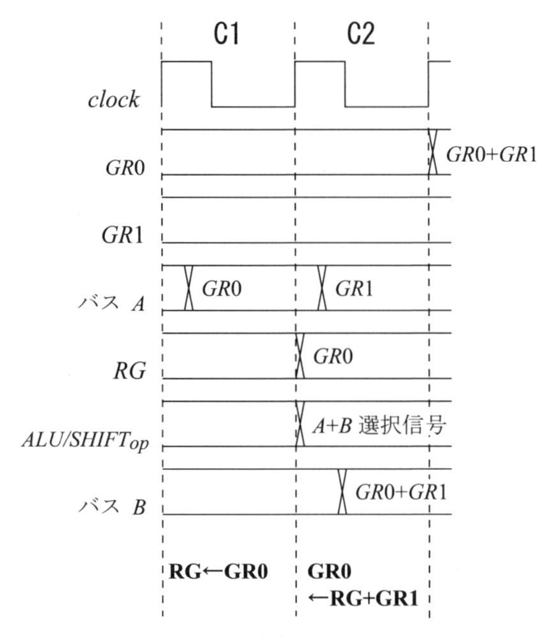

図 **3.31** 2 バス構成のタイムチャート

ここでは RT レベルにおけるメモリモデル，すなわちプロセッサとメモリのあいだのデータアクセスの仕様について述べる．具体的には，メモリからのデータ読み出しとメモリへのデータ書き込みに必要なバス構成と制御信号について述べる．

半導体メモリは，データの書き込みと読み込みが可能な **RAM** (Random Access Memory) と，読み込み専用の **ROM** (Read Only Memory) とに大別される．また，RAM には，フリップフロップで値を記憶する **SRAM** (Static RAM) とコンデンサによって記憶する **DRAM** (Dynamic RAM) がある．本書では，汎用レジスタと同様に高速な動作が可能な SRAM をメモリモデルに用いる．プロセッサとメモリのあいだのデータ転送は，レジスタ間の転送と同様に 1 クロックサイクルで達成可能なものとする．DRAM を前提としたコンピュータでは，プロセッサとメモリのあいだのデータ転送に数クロック以上を要する [*3]．

---

*3) 現在のコンピュータでは，メモリを DRAM で構成するのが主流である．そのため，キャッシュ

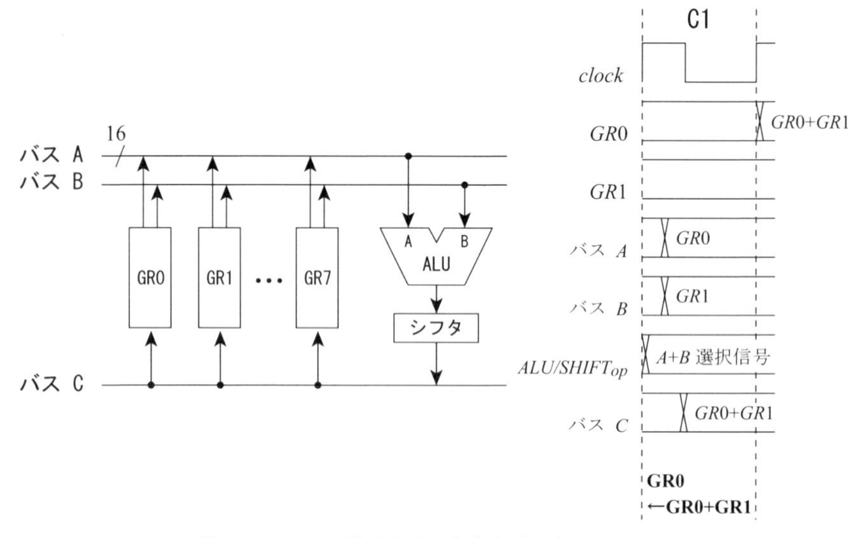

図 3.32　3 バス構成とその命令実行タイムチャート

図 3.33 にメモリのデータ入出力の概念図を示す．メモリアクセス時に，読み書きの対象となるメモリアドレスの指定は，プロセッサ内のメモリアドレスレジスタ MAR (memory address register) によって行なう．MAR の値 MAR がアドレスバスに出力され，それがメモリへの *address* 信号として address 端子に入力される．メモリデータバス (memory data bus) は，データの読み込み

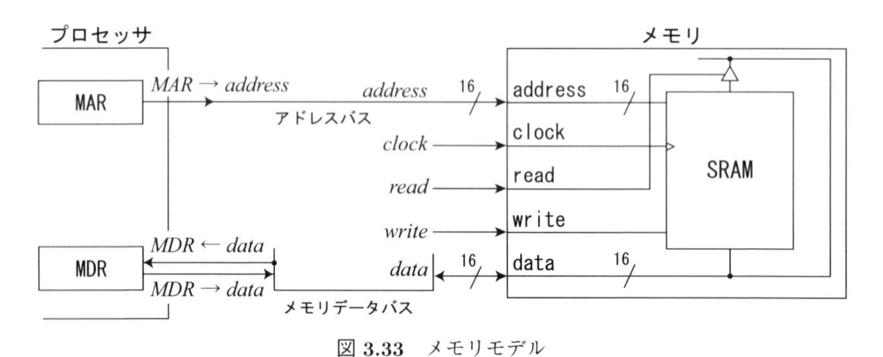

図 3.33　メモリモデル

メモリ (cache memory) と呼ばれる高速な記憶装置をプロセッサ内に実装することで実質的なデータ転送性能を改善している．詳しくは文献[1, 4, 26] などのメモリアーキテクチャの解説を参照されたい．

および書き込みに使用する双方向の伝送路である．データはいずれもプロセッサ内のメモリデータレジスタ MDR (memory data register) を用いて送受信される．read 端子には，メモリからのデータの読み込みを制御する *read* 信号を，write 端子には，メモリへのデータの書き込みを制御する *write* 信号をそれぞれ入力する．*read* 信号がハイレベルのとき，*MAR* 信号で指定されたメモリ領域のデータがメモリデータバスを経由して MDR へ転送される．*write* 信号がハイレベルのときには，逆にメモリデータバスに出力された MDR の値 *MDR* が *data* 信号として data 端子からメモリ内部に転送され，指定されたメモリ領域に書き込まれる．*write* 信号がローレベルならば，書き込みが許可されないため，指定領域の値は変化しない．*write* 信号がハイレベルのとき，同時に *read* 信号がハイレベルとなってはならない．

メモリアクセスで最も注意すべきことは，データの読み書きのタイミングである．メモリアドレスレジスタ MAR の値 *MAR*, *read* 信号，*write* 信号，メモリデータレジスタ MDR の値 *MDR* はいずれもクロックに同期して変化する．*MAR* がプロセッサ側で設定され，アドレスバスに出力されて *address* 信号値が安定するまでには時間の遅れがある．データの読み込みではそれに加えて，メモリに記憶されたデータが data 端子からメモリデータバスへ出力され，*data* 信号が安定するまでの遅れがある．全体の遅れが 1 クロックサイクル内に収まるものと仮定すれば，つぎのクロックの立ち上がりに同期して *MDR* が更新される．一方，データの書き込みでは，アドレスの指定と並行して書き込みデータの転送がはじまる．まず上記のアドレス指定がはじまるクロックに同期して，*write* 信号がハイレベルになり，同時にプロセッサ側で書き込みデータ *MDR* が設定される．その値がメモリデータバスに出力され，バスの値すなわち data 端子の入力値 *data* が確定するまでには時間の遅れがある．つぎのクロックの立ち上がりに同期してメモリの指定領域の値が更新される．

図 3.34 は，メモリアクセスのタイムチャート例である．クロックサイクル C1, C2 ではメモリからデータを読み出している．C1 のクロックの立ち上がりに同期して *MAR* の値が設定され，同時に *read* 信号の値がハイレベルになっている．すこし遅れてアドレスバスの値 *address* が確定する．さらに遅れて data 端子に出力されたデータがメモリデータバスに伝播して，それまで不定だった

data の値が確定する．本書では，バスの値が不定な状態を図 3.34 の *data* 信号のように，ハイレベルとローレベルの中間の横線で表す．C2 のクロックの立ち上がりに同期して MDR の値 *MDR* が *data* で更新される．同時にプロセッサ側で MAR に新しいアドレスを設定している．*read* 信号は変わらずハイレベルであるから，C1 と同様にしばらくして新たに指定されたメモリ領域のデータが，メモリデータバスに伝播する．クロックサイクル C3 のクロックの立ち上がりに同期して *MDR* が更新される．C3 はデータ書き込みのための準備期間である．クロックサイクルのはじめから *read* 信号がローレベルに推移しているので，メモリからデータは出力されない．図 3.34 の C3 における *data* 信号は，その結果メモリデータバスの値が不定となることを表している．このクロックサイクルで，プロセッサは MDR の値を内部レジスタへ転送し，今度は逆に書き込みのためのデータを MDR へ設定する．また，書き込み対象となる新しいメモリアドレスを MAR へ設定する．クロックサイクル C4 では，クロックの立ち上がりに同期して *MDR* と *MAR* が更新されている．同時に *write* 信号がハイレベルに変化している．すこし遅れてアドレスバスとメモリデータバスの値が確定する．メモリデータバスの値はメモリ内部に伝播し，つぎのクロックの立ち上がりに同期して指定メモリ領域がその値で更新される．

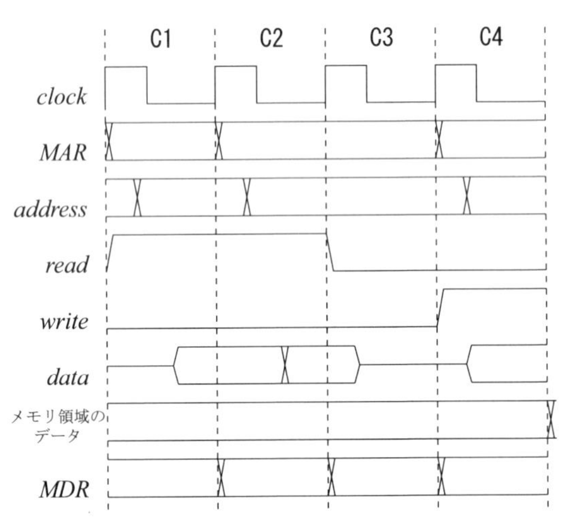

図 **3.34** メモリアクセスのタイムチャート例

3.5.4　マイクロアーキテクチャ

RT レベルのハードウェア構成をマイクロアーキテクチャ (micro architecture) と呼ぶことにする．本書でモデルとして扱っている COMET II のマイクロアーキテクチャを，前述の 3 バス構成に基づいて設計する．

機械語レベル，またはアセンブリプログラムのレベルで意識する必要のある機能モジュールは，汎用レジスタ GR0 ～ GR7，スタックポインタ SP，プログラムレジスタ PR，フラグレジスタ FR などのレジスタ類とメモリであった．マイクロアーキテクチャを決定するため，これらの他に ALU，シフタの演算機能モジュール，メモリのアドレスを指定するメモリアドレスレジスタ MAR，メモリに対するデータの入出力バッファとなるメモリデータレジスタ MDR，実行すべき命令を格納する命令レジスタ IR，メモリ中のスタックへの入出力バッファとなるスタックデータレジスタ SDR，そして，それらの機能を制御する制御部（詳細は次章）などを追加する．これらのモジュールは，機械語レベルからは見えないモジュールである．

図 3.35 に COMET II のマイクロアーキテクチャを示す．バス A には汎用レジスタと MDR が出力可能である．バス B には汎用レジスタと PR, MAR, MDR, SP, SDR が出力可能である．IR にはバス A を経由して命令となるデータを転送する．バス C には演算回路を経由して，種々のデータが出力され各レジスタへ転送される．メモリアクセス時のアドレスは，MAR または SP に

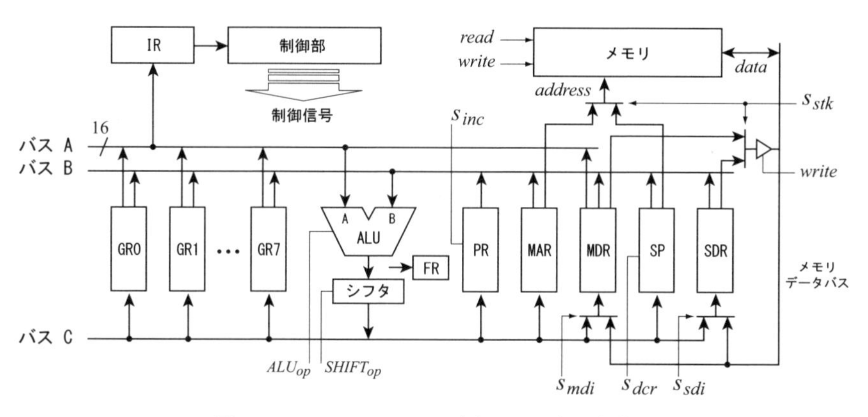

図 **3.35**　COMET II のマイクロアーキテクチャ

よって指定する．s_{stk} がハイレベルのとき SP の出力データが選択される．メモリへの書き込みデータも MDR と SDR を切り替えてメモリデータバスへ出力する．s_{stk} がハイレベルのとき SDR の出力データが選択される．メモリからのデータの読み込みは，MDR および SDR で行なう．バス C からのデータとメモリデータバスからのデータを，それぞれ制御信号 s_{mdi} および s_{sdi} によって切り替える．いずれも，制御信号がハイレベルのときメモリデータバスの値を取り込み，ローレベルのときバス C の値を取り込む．

このマイクロアーキテクチャにおいて，メモリアクセスを含むデータ転送および演算がどのようなタイミングで実行されるのかを，図 3.36 のタイムチャートを用いて説明する．これは，COMET II の二つの命令

```
SUBA   GR1,adr,GR7
POP   GR7
```

を連続して実行するときのタイムチャートである．それぞれ，C1, C2, C3 の 3 クロックサイクルと C4, C5 の 2 クロックサイクルにおける各マイクロ操作によって実行される．

クロックサイクル C1 では，マイクロ操作

$$\mathrm{MAR} \leftarrow \mathrm{MDR} + \mathrm{GR7} \tag{3.19}$$

が実行される．MDR には具合的な値 adr が格納されているものとする．このマイクロ操作は，実効アドレスの計算を実現している．クロックの立ち上がりと同期して，ALU とシフタからなる演算回路に $A + B$ の機能が設定されるよう制御信号 $ALU/SHIFT_{op}$ が入力される．MDR がバス A に，GR7 がバス B にそれぞれの値を出力しはじめる．少し時間が経過して，バス A, B の値が *MDR*, *GR7* に決定する．それらの値が演算回路で加算され，結果 *MDR+GR7* がバス C へ出力されるときにはさらに時間が経過している．図では省略されているが，クロックの立ち上がりに同期して MAR の *latch* 信号がハイレベルとなり，バス C の値が MAR に伝播する．つぎのクロックの立ち上がりで MAR の値は更新される．

クロックサイクル C2 では，MAR が指定するメモリアドレスのデータを MDR へ転送している．マイクロ操作は

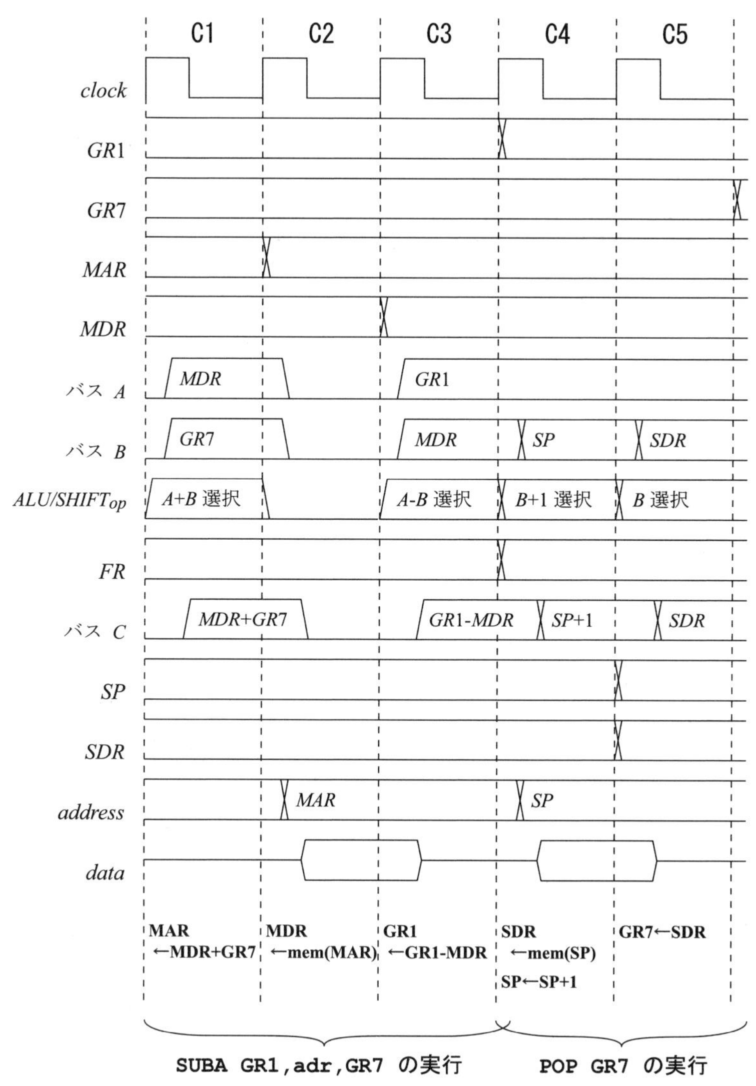

図 3.36 タイムチャート例

$$\mathrm{MDR} \leftarrow \mathrm{mem}(\mathrm{MAR}) \tag{3.20}$$

で記述される．ここで，$\leftarrow \mathrm{mem}(\,\cdot\,)$ は括弧内のレジスタの値が指すメモリアドレスのデータを転送することを表すものとする．図では省略されているが，クロックの立ち上がりに同期してメモリへの *read* 信号がハイレベルになる．本書では，メモリに SRAM を想定しているため，1 クロックサイクル以内にメモリからのデータが MDR に伝播し終わるものとしている．C3 のクロックの立ち上がりに同期して MDR の値が更新される．

クロックサイクル C3 では，マイクロ操作

$$\mathrm{GR1} \leftarrow \mathrm{GR1} - \mathrm{MDR} \tag{3.21}$$

が実行され，COMET II の SUBA 命令が完了する．SUBA 命令では，演算結果がフラグレジスタに反映される．図では省略されているが，クロックの立ち上がりと同期して FR のラッチ信号 *Flatch* がハイレベルになり，フラグの値が計算される．GR1 および FR の値は，C4 のクロックの立ち上がりに同期して更新される．このクロックの立ち上がりは，SUBA 命令の完了時点であると同時に，つぎの POP 命令の開始時点でもある．

クロックサイクル C4 では，POP 命令の前半部分を実現している．スタックポインタ SP の指すメモリアドレスのデータ，すなわちスタックの先頭データを SDR へロードすると同時に，SP の値を 1 だけ増加させている．二つのマイクロ操作

$$\mathrm{SDR} \leftarrow \mathrm{mem}(\mathrm{SP}), \tag{3.22}$$

$$\mathrm{SP} \leftarrow \mathrm{SP} + 1 \tag{3.23}$$

は同じクロックサイクル C4 で並列に処理される．図では省略されているが，クロックの立ち上がりに同期して制御信号 s_{sdi} がハイレベルになり，SP の値がアドレスバスに出力される．このスタックの先頭を指すアドレス値 *SP* は，増加するまえの値であることに注意されたい．SDR, SP ともに，つぎのクロックの立ち上がりに同期して値が更新される．このように，同じクロックサイクル内で複数のマイクロ操作を実行することで，命令処理時間を短縮できる可能

性がある．

クロックサイクル C5 では SDR の値を，バス B，演算回路，バス C を経由して GR7 へ転送している．つぎのクロックサイクルのクロックの立ち上がりに同期して GR7 の値が更新され，POP 命令が完了する．

演　習　問　題

(1) ポジティブエッジトリガ D フリップフロップの構成からその機能を確認せよ．

(2) インバータと NAND ゲートを用いて，4 入力マルチプレクサを設計せよ．ただし，制御信号は x, y の二つとする．

(3) インバータと NAND ゲートを用いて，図 3.12 の 3 入力デコーダを設計せよ．

(4) 全加算器の真理値表をもとに，全加算器の出力結果 f を表す論理式 (3.1) と桁上り出力 c_{out} を表す論理式 (3.2) を導け．

(5) ルックアヘッドキャリー方式の並列加算器において，各ビットからの桁上がり出力 $C_1 \sim C_4$ について論理式 (3.4) ~ (3.7) が成立することを確かめよ．

(6) 図 3.17 の 4 ビット加減算器において，A 入力または B 入力のすべてのビットを 1 としたとき，それぞれどのような演算が行なわれるか？

(7) 図 3.18 のように，4 ビット 2 進数に 1 を加える加算器を，半加算器と基本ゲートによって置き換えられることを示せ．

(8) 16 ビットの符号なし 2 進数の減算が，16 ビットの符号つき 2 進数と同一の減算器で実行できることを確かめよ．

(9) バレルシフタの構造と原理について調べてみよ．

(10) 符号つき 2 進数 A, B が $A < 0, B < 0$ の場合に，$A + B$ の結果がオーバフローを生じない条件は $V = c_n \oplus c_{n-1} = 0$ であることを確かめよ．

(11) 符号つき 2 進数 A, B が，$A < B$ のとき，$A - B$ を実行するとオーバフローの有無にかかわらず $N \oplus V = 1$ が成り立つことを確かめよ．

(12) 符号なし 2 進数 A, B が $A < B$ のとき，$A - B$ を実行するとオーバフローが起こり，つねに $C = 0$ が成り立つことを確かめよ．

(13) つぎの計算を 8 ビットの 2 の補数表現における演算とする．演算後の N, Z, V, C 信号の値を示せ．

(a) $10 + 59$

(b) $60 - (-95)$

(c) $-90 + (-22)$

(d) $0 - (-128)$

(14) 図 3.35 の 3 バス構成例において，つぎの四つの操作を連続して実行するタイムチャートを示せ．

(a) $\mathrm{GR1} \leftarrow \mathrm{GR1} \oplus \mathrm{MAR}$

(b) $\mathrm{MAR} \leftarrow \mathrm{GR2} + \mathrm{MDR}$

(c) $\mathrm{GR0} \leftarrow \mathrm{GR0} + 1$,　$\mathrm{PR} \leftarrow \mathrm{PR} + 1$

(d) $\mathrm{GR1} \leftarrow \overline{\mathrm{MAR}}$

(15) 本章で示した各機能モジュールの VHDL 記述例の動作をシミュレーションで確かめてみよ.

4 制　御　部

本章では COMET II を例にして，プロセッサの制御部の原理と構成／設計について述べる．はじめに，レジスタ間命令の制御に限定して議論する．つぎに，高速化のためのパイプライン処理を考察してから，メモリ・レジスタ間命令の制御について述べる．また最後に，データ入出力の制御に関連する話題にも簡単にふれる．

4.1 レジスタ間命令の制御

COMET II のロード命令 LD，算術論理演算命令 ADDA, ADDL，SUBA, SUBL, AND, OR, XOR，比較命令 CPA, CPL の 10 個の命令には，各々レジスタ間命令とメモリ・レジスタ間命令がある．はじめに，レジスタ間命令の制御と実行について考える．上記のレジスタ間命令はすべて 1 ワード命令である．それらのオペランドには，二つの汎用レジスタ r1, r2 が指定され，その二つのレジスタを対象にした演算・データ転送が実行される．

4.1.1 状　態　図

プロセッサの動作は，メモリからの命令の取り込み，解読，演算・データ転送といった一連の処理の繰り返しである．制御部の役割は，それを実現するための制御信号を適時生成して，演算回路やデータ転送回路に伝えることである．制御部はそのための制御信号生成回路と，命令を解読するためのデコーダから構成される．

メモリからの命令の取り込みは，命令フェッチ (instruction fetch) と呼ばれる．ここでは，命令が格納されているメモリアドレスの設定，メモリデータレジスタへの読み込み，命令レジスタへの転送の三つの動作で命令フェッチを構成するものとする．各動作を実現するためのマイクロ操作をそれぞれ A, R, T で表すことにする．命令解読 (instruction decode) では，命令レジスタに取り込まれた命令のビットパターンから，どの汎用レジスタ間でどのような演算・データ転送を行なう命令なのかを判断する．命令デコードとも呼ぶ．デコードを行なうマイクロ操作および演算・データ転送を行なうマイクロ操作をそれぞれ D, E で表すことにする．E は具体的には，各命令 LD, ADDA, $\cdots$, CPL を実現するための個別のマイクロ操作である．

マイクロ操作 A, R, T, D, E を逐次的に繰り返して実行するとき，レジスタ間命令の実行制御は図 4.1 の状態図のように表される．F1, F2, F3 の各状態で，マイクロ操作 A, R, T を実行して命令を読み込む．状態 Dec でマイクロ操作 D を実行して命令をデコードする．デコード結果によって，各命令毎の演算・データ転送の実行状態 Ld, Adda, $\cdots$, Cpl に分岐して，それぞれのマイクロ操作 E を実行する．各状態は，命令 LD, ADDA, $\cdots$, CPL に対応する．演算・データ転送の実行が終了したら，再び状態 F1 から処理を繰り返す．

状態 F1, F2, F3 のマイクロ操作 A, R, T は，それぞれ 1 クロックサイクルで実行される．あとで述べるように，命令デコード状態 Dec と演算・データ転

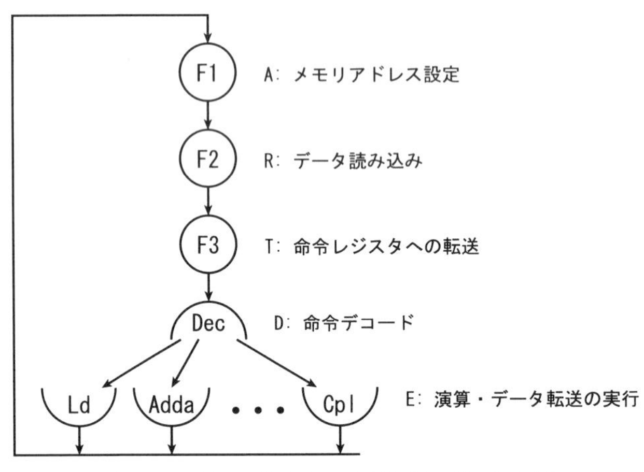

図 4.1 レジスタ間命令の実行制御を表す状態図

送実行状態 Ld, Adda, ⋯ , Cpl のマイクロ操作は，同じクロックサイクルで処理される場合と，それぞれ別のクロックサイクルで処理される場合がある．ここでは，同じクロックサイクルで処理されるものとする．図 4.1 の Dec の半円と Ld, Adda, ⋯ , Cpl の半円は，それらの状態を合わせて 1 クロックサイクルに収まることを表している．

なお，以下では，演算・データ転送実行状態 Ld, Adda, ⋯ , Cpl を一般化して論ずるときには状態 Exe で表し，状態 Dec と，この Exe をまとめて表すときには Dec-Exe で表記することにする．また，状態の表記を，そのままその状態についてのクロックサイクルの表記にも使用する．例えば，“状態 F1 のクロックサイクル” を単に “クロックサイクル F1” とも表現する．

ここで，制御部が状態 F1, F2, F3, Dec-Exe のいずれかにあるとき，それぞれに対応する信号 Q_1, Q_2, Q_3, Q_4 がただ一つハイレベルになるものとしよう．その信号をもとに現在の状態を特定して，プロセッサの実行制御に必要な制御信号を生成することにする．状態の遷移は F1, F2, F3, Dec-Exe の繰り返しであるから，信号 Q_1, Q_2, Q_3, Q_4 のタイムチャートは，図 4.2 のようになる．このような信号を出力する順序回路はどのように実現できるだろうか．前章で述べたカウンタとデコーダを組み合わせれば，図 4.3 (a) のようになる．しかし，同図 (b) のように，より直観的でわかりやすい回路構成も可能である．フリップフロップが直列に接続されている記憶装置を一般にシフトレジスタ (shift register) と呼ぶ．そして，特に，この回路のようにフリップフロップの列が環

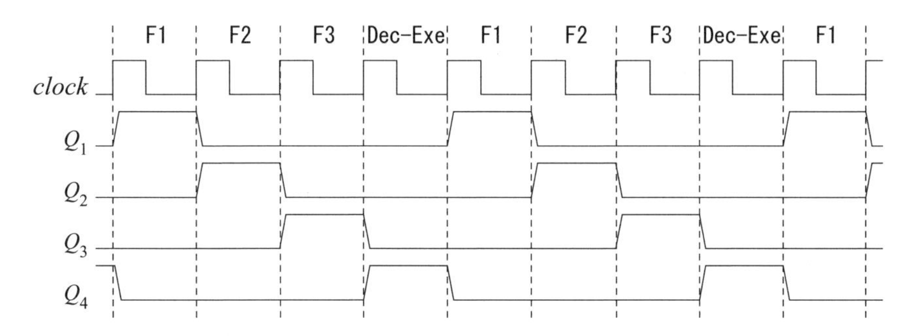

図 4.2 制御部が F1, F2, F3, Dec-Exe の各状態にあることを表す信号 Q_1, Q_2, Q_3, Q_4 のタイムチャート

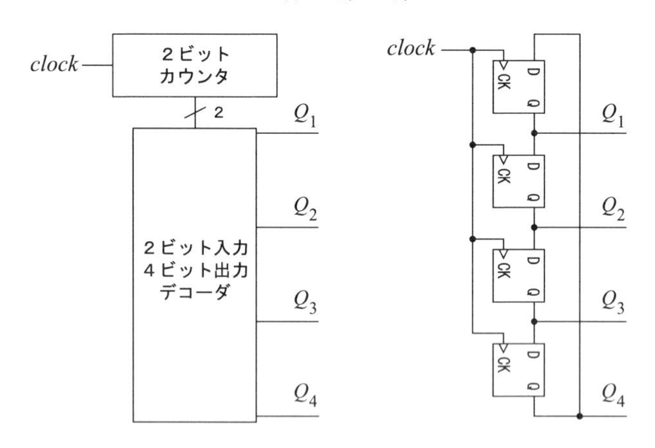

(a) カウンタとデコーダ　　(b) シフトレジスタ

図 4.3　四状態の遷移の繰り返しを出力信号で表す順序回路

状に接続された場合は，リングカウンタ (ring counter) と呼ぶ．リングカウンタの一つのフリップフロップだけをハイレベルにして使用する，ワンホットステートカウンタ (one-hot state counter) によって，ここでの目的を達成することができる．

4.1.2 制 御 信 号

制御部は，プロセッサの実行制御の状態ごとに，演算部やメモリの動作を指示する．図 3.35 の COMET II のマイクロアーキテクチャを前提として，それらの動作に必要となる制御信号について考えよう．制御部が生成する制御信号を列挙すると，図 4.4 のようになる．

“バス *A*” フィールドの制御信号 *IRlatch* は，バス A から命令レジスタ IR へのデータ伝播制御を行なう．これがハイレベルのとき，バス A のデータがレジスタ IR へ伝播する．制御信号 *GRAout*, $MDRout_a$ は，バス A へ出力する

バス *A*	バス *B*	*ALU/SHIFT*$_{op}$	*FLAG*	バス *C*	メモリ
IRlatch *GRAout* *MDRout_a*	*GRBout* *PRout* *MARout* *MDRout_b* *SPout* *SDRout*	*c_0* *s_0* *s_1* *s_2* *s_3* *s_ari* *s_L* *s_R*	*Flatch* *s_cmp* *s_nov*	*GRAlatch* *s_inc* *PRlatch* *MARlatch* *s_mdi* *MDRlatch* *s_dcr* *SPlatch* *s_sdi* *SDRlatch*	*s_stk* *read* *write*

図 4.4　制御信号

レジスタを制御する．*GRAout* がハイレベルのとき汎用レジスタ GRA(GR0 ～ GR7) のデータを，また，$MDRout_a$ がハイレベルのときメモリアドレスレジスタ MAR のデータをそれぞれバス A に出力する．二つの制御信号が同時にハイレベルとなってはならない．汎用レジスタ GRA の選択方法については後述する．

"バス *B*" フィールドの制御信号 *GRBout*, *PRout*, *MARout*, $MDRout_b$, *SPout*, *SDRout* は，バス B に対するデータ出力制御を受け持つ．各信号がハイレベルのとき，それぞれ，汎用レジスタ GRB(GR0 ～ GR7)，レジスタ PR, MAR, MDR, SP, SDR からバス B にデータを出力する．六つの制御信号のうち二つ以上が同時にハイレベルとなってはならない．汎用レジスタ GRB の選択方法については後述する．

"$ALU/SHIFT_{op}$" フィールドの信号は，ALU とシフタの機能を指定する．表 3.2, 3.3 および 3.4 を参照されたい．

"*FLAG*" フィールドの信号は，各命令に対するフラグレジスタ FR の設定を行なう．図 3.25 および表 3.5 を参照されたい．

"バス *C*" フィールドの制御信号は，バス C からデータを取り込むレジスタの入力制御と，プログラムレジスタ，スタックポインタの機能設定，およびメモリデータレジスタ，スタックデータレジスタの入力選択を受け持つ．制御信号 *GRAlatch*, *PRlatch*, *MARlatch*, *MDRlatch*, *SPlatch*, *SDRlatch* がハイレベルのとき，汎用レジスタ GRA, レジスタ PR, MAR, MDR, SP, SDR がそれぞれバス C からデータを取り込む．ただし，s_{inc} がハイレベルのときは，プログラムレジスタ PR の機能がカウンタになり，s_{dcr} がハイレベルのときは，スタックポインタ SP の機能がダウンカウンタになる．s_{mdi} がハイレベルのとき，メモリデータレジスタの入力ソースは，バス C からメモリデータバスへ切り替わる．同様に，s_{sdi} がハイレベルのとき，スタックデータレジスタの入力ソースも，バス C からメモリデータバスへ切り替わる．

"メモリ" フィールドの信号は，メモリへのアドレス指定とデータ入出力を制御する．s_{stk} がハイレベルのとき，メモリのアドレス指定にはスタックポインタ SP の値が，また，メモリへのデータ書き出しには，スタックデータレジスタ SDR の値がそれぞれ用いられる．*read* 信号および *write* 信号は，メモリからの読み込みとメモリへの書き込みを制御する．メモリモデルについては，図 3.33 を参照されたい．

本書では，プロセッサの各状態で生成される制御信号を

```
       bA  bB     A/S_op   F   bC         Mem
       IAa BPAbSD cs123aLR Fcn GiPAmDdSsD srw
State: 000 000000 00000000 000 0000000000 000; マイクロ操作
```

のように表すことにする．bA, bB, A/S_op, F, bC, Mem は，図 4.4 のバス A フィールド，バス B フィールド，$ALU/SHIFT_{op}$ フィールド，$FLAG$ フィールド，バス C フィールド，メモリフィールドにそれぞれ対応している．またその下の文字は，それぞれ図 4.4 の制御信号を略記している．各状態のマイクロ操作に必要な制御信号がハイレベルになることを，対応する文字直下の値 0 を 1 に換えて表す．

4.1.3　命令フェッチ

命令フェッチの実行によって，メモリに格納された命令が命令レジスタに取り込まれるまでの様子を図 4.5 に示す．

状態 F1 のクロックサイクルでは，プログラムレジスタ PR の内容を，バス B, ALU, シフタ，バス C 経由でメモリアドレスレジスタ MAR へ転送する．つぎの状態 F2 のクロックサイクルでは，メモリアドレスレジスタの指すメモリアドレスに格納されているデータを，メモリデータバス経由でメモリデータレジスタ MDR へ取り込む．状態 F3 のクロックサイクルでは，メモリデータレジスタのデータをバス A 経由で命令レジスタ IR へ転送する．図 4.6 は命令フェッチのタイムチャートである．

命令フェッチの三つのクロックサイクルで生成される制御信号は，それぞれ以下のようになる．

```
    bA  bB     A/S_op   F   bC         Mem
    IAa BPAbSD cs123aLR Fcn GiPAmDdSsD srw
F1: 000 010000 00010000 000 0001000000 000; MAR ← PR
F2: 000 000000 00000000 000 0000110000 010; MDR ← mem(MAR)
F3: 101 000000 00000000 000 0000000000 000; IR ← MDR
```

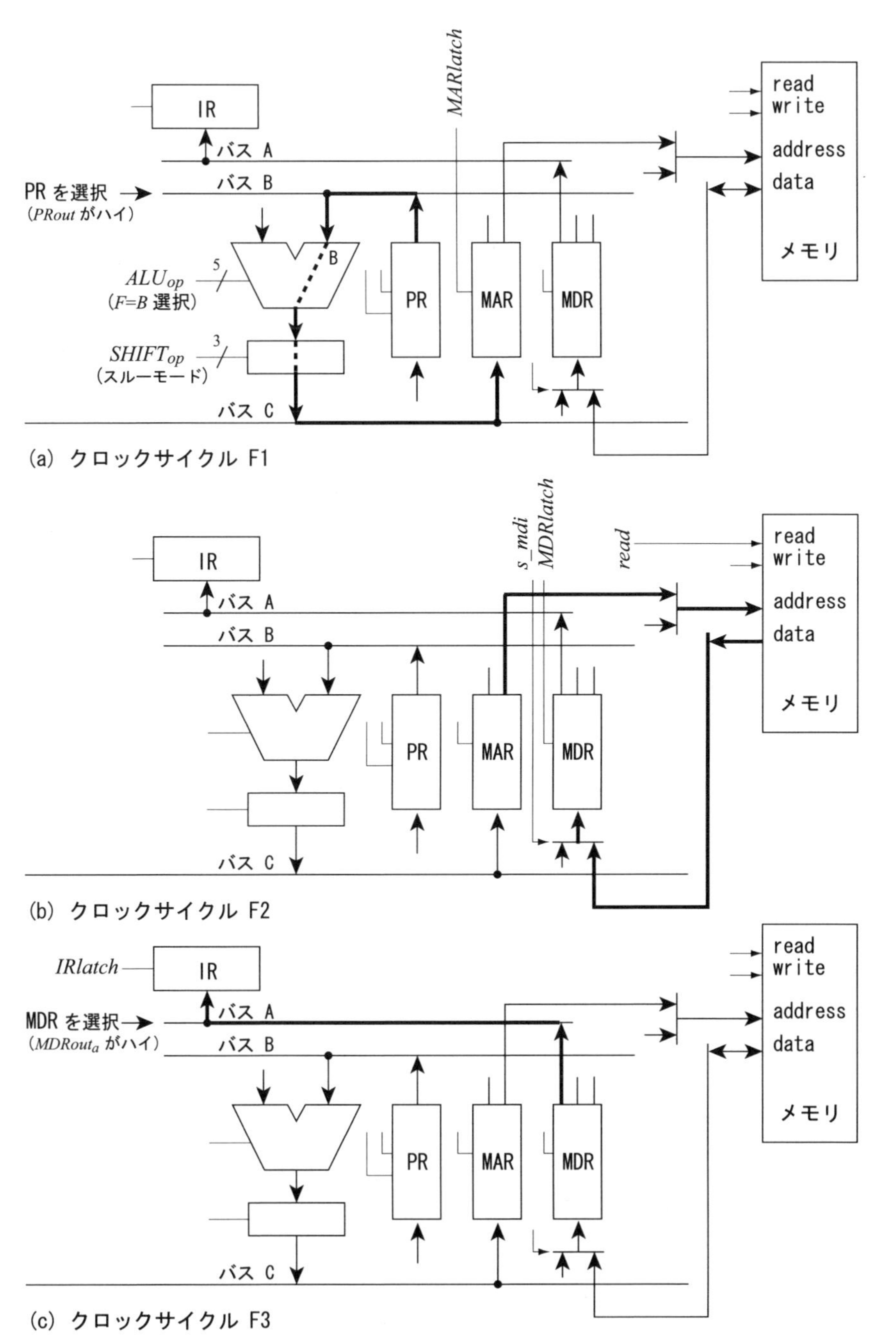

図 4.5 命令フェッチの実行制御

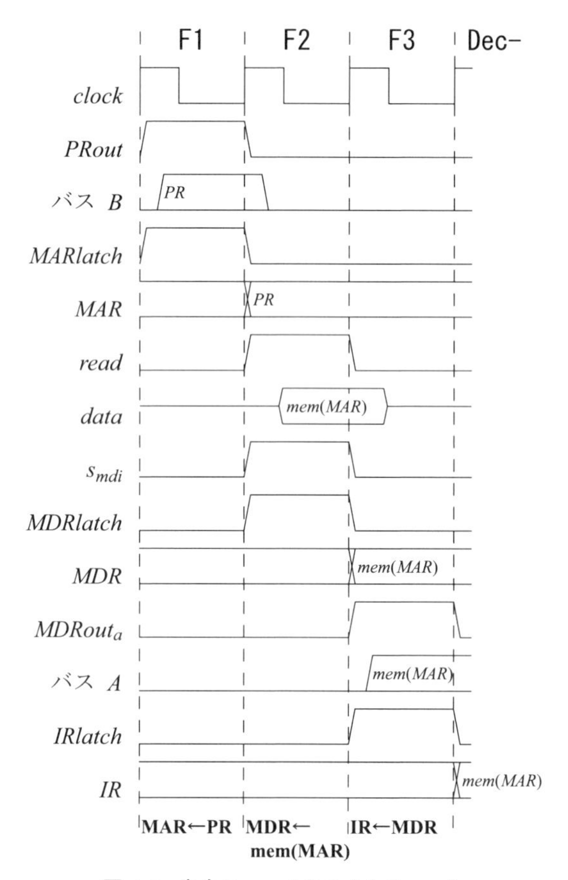

図 4.6　命令フェッチのタイムチャート

4.1.4　デコードと演算・データ転送

命令レジスタ IR に転送されたレジスタ間命令の機械語は，オペレーションフィールドのビット列 OP とレジスタフィールドのビット列 RA, RB から構成される．命令デコーダは，ビット列 OP を解析して命令の種類を特定する．

図 4.7 にレジスタ間命令をデコードするデコーダを示す．デコーダの出力 LD_r, $ADDA_r$, $\cdots$, CPL_r は，それぞれレジスタ間命令 LD, ADDA, $\cdots$, CPL に対応する．例えば，命令レジスタの OP が 0001 0100 で，命令が LD であると解析されれば，デコーダの出力 LD_r がハイレベルになる．

以下に，COMET II のレジスタ間命令についてのデコーダの VHDL 記述例

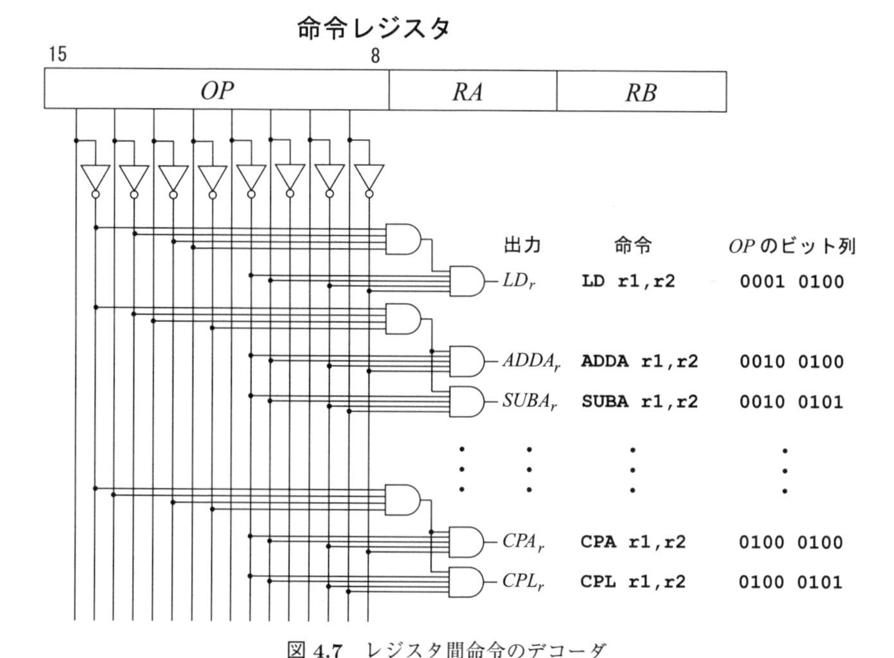

図 4.7　レジスタ間命令のデコーダ

を示す．ただし，LD 命令と CPL 命令の記述だけを示し，その他のレジスタ間命令の記述は省略した．

```
＜リスト：レジスタ間命令についてのデコーダ＞
entity op_decoder_reg_to_reg is
  port(Op : in  std_logic_vector(7 downto 0);
       LDr,CPL_r : out std_logic);
end op_decoder_reg_to_reg;

architecture BEHAVIOR of op_decoder_reg_to_reg is
begin

process(Op) begin
  if( Op="00010100")then
    LDr <='1';
  else
    LDr <='0';
  end if;
end process;
```

```
process(Op) begin
  if( Op="01000101")then
    CPL_r <='1';
  else
    CPL_r <='0';
  end if;
end process;

end BEHAVIOR;
```

レジスタフィールドに割り付けられた 4 ビットずつの値 RA および RB は，1 ワード命令をニモニックレベルの命令形式で表したときの汎用レジスタ r1 および r2 に対応する．あるいは，同じく 2 ワード命令を，ニモニックレベルの命令形式で表したときの汎用レジスタ r およびインデックスレジスタ x に対応する（2.1.3 項参照）．

このマイクロアーキテクチャでは，RA, RB が指定する汎用レジスタ（インデックスレジスタ）をそれぞれ GRA, GRB とする．バスに接続するための選択回路は，GRA がバス A に出力し，GRB がバス B に出力するように設計する．

図 4.8 は，バス A に接続するレジスタの選択回路を示している．バス A には，汎用レジスタ GRA の出力，またはメモリデータレジスタの出力が接続される．制御信号 $GRAout$, $MDRout_a$ がともにローレベルのとき，バス A に値 0 を出力するようにマルチプレクサを設計する．レジスタ GRA の特定は，RA を選択信号とするマルチプレクサで実行する．また，バス C の値を取り込む汎用レジスタも GRA である．これは，RA をデコードして得られる出力で制御する．レジスタ GRA を特定するためのデコーダの VHDL 記述例を以下に示す．

＜リスト：GRA を特定するためのデコーダ＞

```
entity decoder is
  port(r : in  std_logic_vector(3 downto 0);
       GR0_WE,GR1_WE,GR2_WE,GR3_WE,GR4_WE,
       GR5_WE,GR6_WE,GR7_WE  : out std_logic);
```

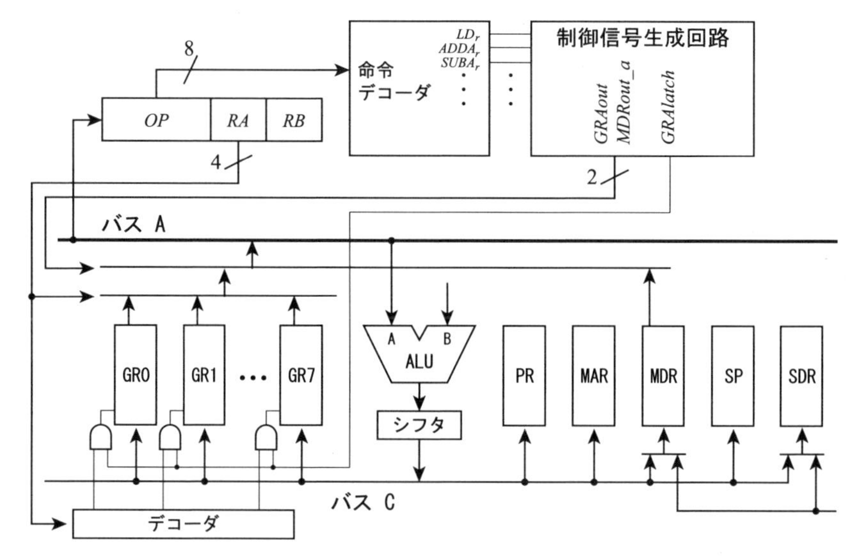

図 4.8　バス A に接続するレジスタの選択回路

```
end decoder;

architecture BEHAVIOR of decoder is
begin

process(r) begin          -- GR0 の特定に関する記述
  if( r = "0000")then
    GR0_WE <='1';
  else
    GR0_WE <='0';
  end if;
end process;

process(r) begin          -- GR1 の特定に関する記述
  if( r = "0001")then
    GR1_WE <='1';
  else
    GR1_WE <='0';
  end if;
end process;
```

（略）

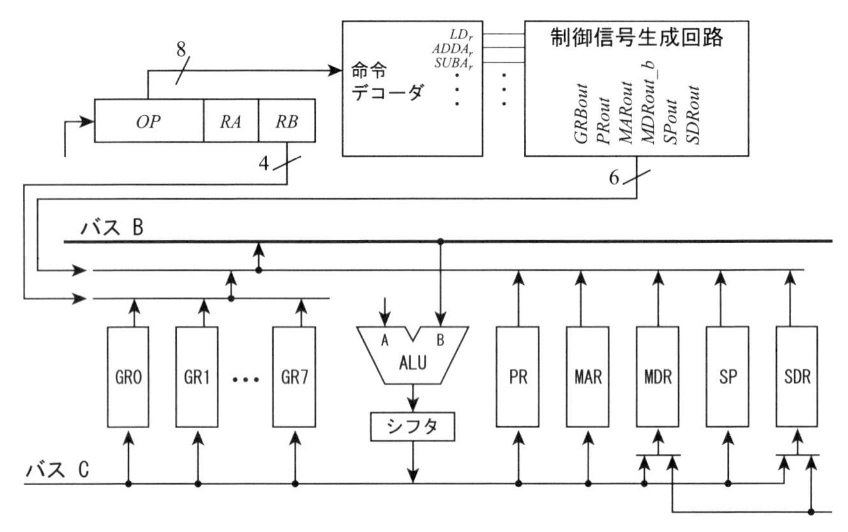

図 4.9　バス B に接続するレジスタの選択回路

```
process(r) begin          -- GR7 の特定に関する記述
  if( r = "0111")then
    GR7_WE <='1';
  else
    GR7_WE <='0';
  end if;
end process;

end BEHAVIOR;
```

図 4.9 は，バス B に接続するレジスタの選択回路を示している．バス B には，汎用レジスタ GRB または，プログラムレジスタ，メモリアドレスレジスタ，メモリデータレジスタ，スタックポインタ，スタックデータレジスタの各出力のいずれかが接続される．制御信号がすべてローレベルのとき，バス B に値 0 を出力するようにマルチプレクサを設計する．レジスタ GRB の特定は，RB を選択信号とするマルチプレクサで行なう．

バス A およびバス B に値 0 を出力できるように設計することで，ALU が $A-1$ や $B+1$ などの演算を容易に実現できるようになる（表 3.2 参照）．

命令のデコードが完了すれば，指定されたレジスタ間で演算・データ転送を行なうためのマイクロ操作が実行される．以下では，デコード状態 Dec とその解析結果に対する演算・データ転送実行状態 Exe を組み合わせた状態，およびその状態に対応するクロックサイクルを Dec-Exe で表す．また，デコードから命令の実行完了までのクロックサイクルの列を，命令の実行ステップと呼ぶことにする．

ここでは，レジスタ間命令 LD, ADDA, CPL の実現について考える．各命令の実行ステップはそれぞれ一つのクロックサイクル Dec-Ld, Dec-Adda, Dec-Cpl からなる．各実行ステップで生成される制御信号は以下のようになる．

```
           bA  bB     A/S_op   F   bC         Mem
           IAa BPAbSD cs123aLR Fcn GiPAmDdSsD srw
   Dec-Ld: 000 100000 00010000 101 1110000000 000; if LD_r = 1
                                                   then GRA ← GRB,
                                                        PR ← PR+1

           bA  bB     A/S_op   F   bC         Mem
           IAa BPAbSD cs123aLR Fcn GiPAmDdSsD srw
 Dec-Adda: 010 100000 00111100 100 1110000000 000; if ADDA_r = 1
                                                   then GRA ← GRA+GRB,
                                                        PR ← PR+1

           bA  bB     A/S_op   F   bC         Mem
           IAa BPAbSD cs123aLR Fcn GiPAmDdSsD srw
  Dec-Cpl: 010 100000 11111000 111 0110000000 000; if CPL_r = 1
                                                   then GRA-GRB,
                                                        PR ← PR+1
```

マイクロ操作 if xxx then yyy は，制約条件 xxx が成り立つとき，yyy を実行することを表す．なお，これらのクロックサイクルでプログラムレジスタの値が更新されるのは，つぎのクロックサイクルで再び制御が状態 F1 に戻ったとき，メモリからプロセッサへ新たな命令を読み込むための操作を開始するためである．

実行ステップの制御の例として算術加算命令

```
ADDA   GR0,GR1
```

のクロックサイクル Dec-Adda における制御信号とデータの流れを図 4.10 に示

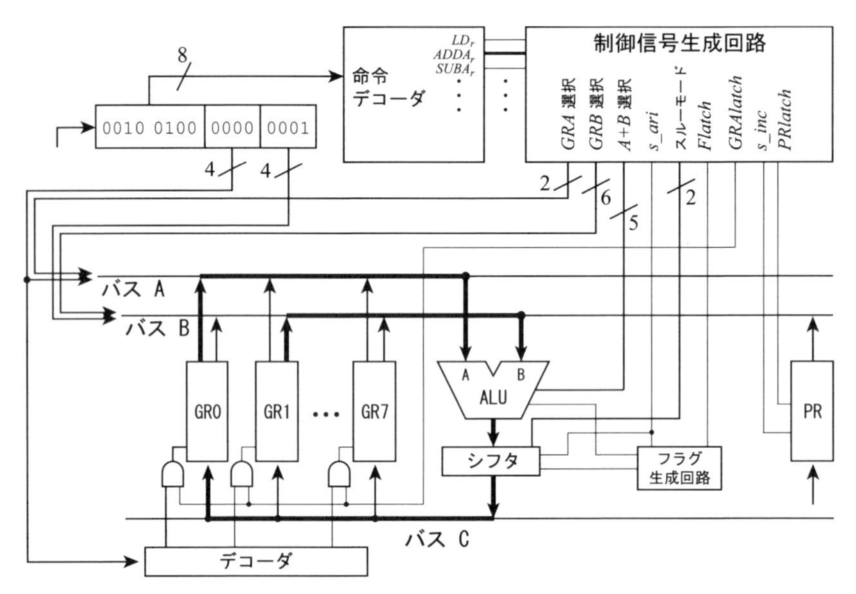

図 **4.10**　ADDA GR0,GR1 の実行ステップの制御

す．これは，汎用レジスタ GR0 の値と GR1 の値を ALU で算術加算して，結果をシフタとバス C 経由で GR0 へ転送する命令である．命令デコーダの出力信号 $ADDA_r$ がハイレベルになって，ADDA 命令の制御信号の生成がはじまる．汎用レジスタ GR0 をバス A に接続するため，$GRAout$ 信号をハイレベルにする．GR0 は，命令レジスタのレジスタフィールドのビット列 $RA = 0000$ によって特定される．同様に，汎用レジスタ GR1 をバス B に接続するため，$GRBout$ 信号をハイレベルにする．GR1 は，命令レジスタのレジスタフィールドのビット列 $RB = 0001$ によって特定される．ALU の機能に $F = A + B$（表 3.2, 3.3 参照）を，シフタの機能にスルーモード（表 3.4 参照）をそれぞれ設定する．ADDA 命令はフラグレジスタを設定するので，$Flatch$ 信号をハイレベルにする．また，算術加算であるから s_{ari} 信号をハイレベルにする．演算結果はバス C を使ってレジスタ GR0 へ転送される．転送先の GR0 は，命令レジスタのレジスタフィールドのビット列 RA=0000 をデコードすることで特定される．バス C の値を取り込むため，$GRAlatch$ 信号をハイレベルにする．

このクロックサイクルでは，同時にプログラムレジスタの値を一つ増加する操作を行なう．s_{inc} 信号および $PRlatch$ 信号をハイレベルにする（3.3.5 項参照）．つぎのクロックサイクルの立ち上がりでプログラムレジスタの値が 1 増加する．

レジスタ間命令 LD, ADDA, CPL の各実行ステップのタイムチャートは図 4.11 のようになる．はじめに命令のデコードが完了し，やや遅れてバスへ接続するレジスタの選択制御信号や，ALU, シフタの機能選択信号などが生成される．そのあとバス A またはバス B の値が確定する．またさらにそれよりも遅れてバス C の値が確定している．

4.1.5 制御信号生成回路の構成

制御信号生成回路の方式には，**配線論理制御** (wired logic control) 方式と**マイクロプログラム制御** (microprogrammed control) 方式がある．配線論理制御方式は，目的の状態遷移をもつ順序回路によって制御を実現する．マイクロプログラム制御方式は，命令ごとの制御情報を ROM に格納して，順次それを読み出して制御を実現する．最近では論理合成（1.3 節参照）の効率の観点から，配線論理制御方式が採用されることが多くなってきた．ここでも，配線論理制御方式によってレジスタ間命令の実行制御を行なう．

図 4.12 にレジスタ間命令だけを扱う制御信号生成回路の例を示す．4.1.1 項で述べたように，状態 F1, F2, F3, Dec-Exe に対応する四つのフリップフロップが，ワンホットステートカウンタを構成している．プロセッサを起動するとき，$Reset$ 信号を一時的にハイレベルにする．スタート回路からハイレベルのフェッチ起動信号が出力される．$Reset$ 信号をローレベルに戻すと，つぎのクロックの立ち上がりで，状態 F1 に対するフリップフロップにフェッチ起動信号のハイレベル値が取り込まれる．同時にフェッチ起動信号はローレベルへ変化する．そのクロックサイクルのあいだ，メモリアドレス設定のための制御信号 $PRout$, s_{inc}, $PRlatch$, $MARlatch$ がハイレベルになる．そのつぎのクロックの立ち上がりで，状態 F2 に対するフリップフロップにハイレベルの値が取り込まれ，状態 F1 に対するフリップフロップの出力値はローレベルになる．すなわち，ハイレベルの信号値がシフトする．そのクロックサイクルのあいだ，データ読み込みのための制御信号 s_{mdi}, $MDRlatch$, $read$ がハイレベルになる．

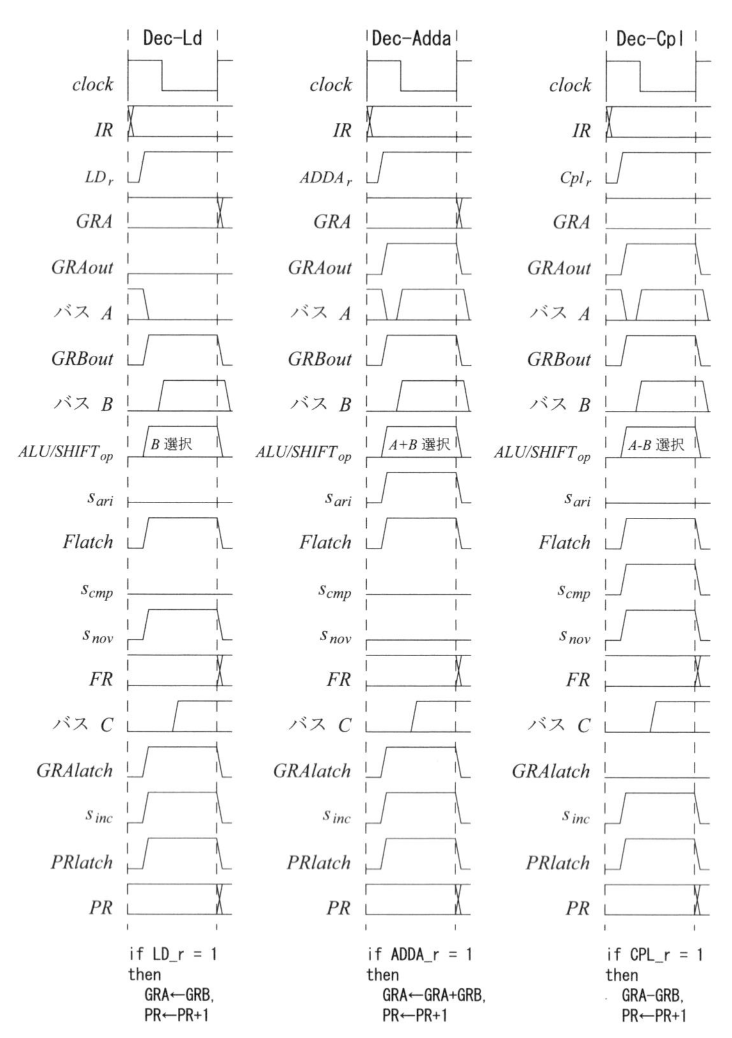

(a) 実行ステップ Dec-Ld　(b) 実行ステップ Dec-Adda　(c) 実行ステップ Dec-Cpl

図 4.11　クロックサイクル Dec-Ld, Dec-Adda, Dec-Cpl のタイムチャート

同様にして，そのつぎのクロックサイクルでは，命令レジスタへのデータ転送のための制御信号がハイレベルになる．また，さらにそのつぎのクロックサイクルでは，命令をデコードしたあとに演算・データ転送を実行するための制御信号がハイレベルになる．そして，そのつぎのクロックサイクルから新たな命令フェッチを実行する．

以下に，制御信号生成回路の VHDL 記述例を示す．ここで，各クロックサイクルに関するフリップフロップから制御信号出力への接続網は，ctl_sig_reg_to_reg として部品化したものを読み込んでいる．その VHDL 記述は付録に記載する．また，これまでに構成した機能モジュールを統合して，レジスタ間命令だけを実装した COMET II の VHDL 記述も付録に記載する．

<リスト：制御信号生成回路>

```
entity ctl_reg_to_reg is
  port(clk,rst,FLAG_OF,FLAG_SF,FLAG_ZF,LDr,CPL_r : in  std_logic;
       IRlat,GRAout,MDRout_a,GRBout,PRout,MARout,MDRout_b,SPout,SDRout,
       c_0,s_0,s_1,s_2,s_3,s_ari,s_L,s_R,Flat,s_cmp,s_nov,GRAlat,s_inc,
       PRlat,MARlat,s_mdi,MDRlat,s_dcr,SPlat,s_sdi,SDRlat,s_stk,
       read,write : out std_logic);
end ctl_reg_to_reg;
```

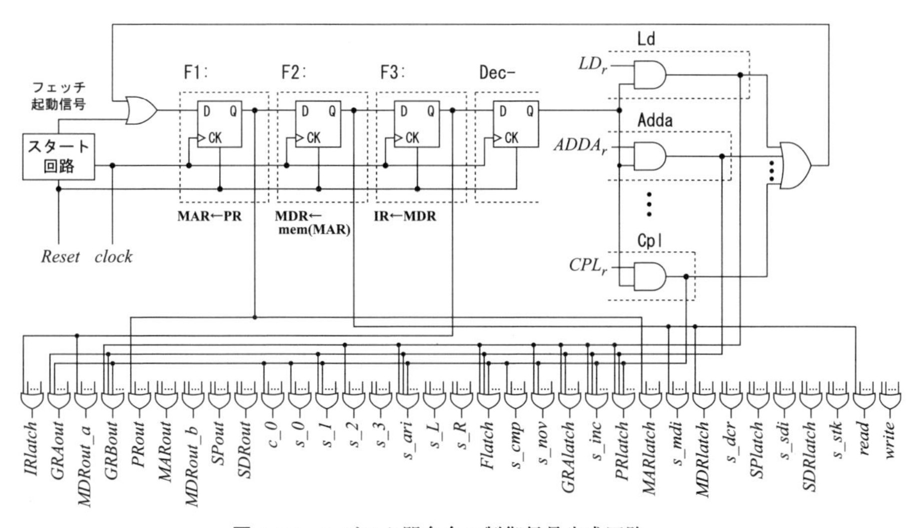

図 **4.12** レジスタ間命令の制御信号生成回路

```
architecture BEHAVIOR of ctl_reg_to_reg is

  component reg_pos_et_d_ff
  port(clk,D,lat,rst : in  std_logic;
       Q : out std_logic);
  end component;

  component ctl_sig_reg_to_reg
  port(f1,f2,f3,ld,cpl : in  std_logic;
       IRlat,GRAout,MDRout_a,GRBout,PRout,MARout,MDRout_b,SPout,SDRout,
       c_0,s_0,s_1,s_2,s_3,s_ari,s_L,s_R,Flat,s_cmp,s_nov,GRAlat,s_inc,
       PRlat,MARlat,s_mdi,MDRlat,s_dcr,SPlat,s_sdi,SDRlat,s_stk,
       read,write : out std_logic);
  end component;

  signal  S_START_rst,S_START,S_F1_D,S_F2_D,S_F3_D,S_Dec_D,S_f1,S_f2,
          S_f3,S_dec,S_ld,S_cpl,S_IRlat,S_GRAout,S_MDRout_a,S_GRBout,
          S_PRout,S_MARout,S_MDRout_b,S_SPout,S_SDRout,S_c_0,S_s_0,
          S_s_1,S_s_2,S_s_3,S_s_ari,S_s_L,S_s_R,S_Flat,S_s_cmp,
          S_s_nov,S_GRAlat,S_s_inc,S_PRlat,S_MARlat,S_s_mdi,S_MDRlat,
          S_s_dcr,S_SPlat,S_s_sdi,S_SDRlat,S_s_stk,
          S_read,S_write : std_logic;

begin
  START:reg_pos_et_d_ff port map(clk,'1','1',S_START_rst,S_START);
  F1:reg_pos_et_d_ff port map(clk,S_F1_D,'1',rst,S_f1);
  F2:reg_pos_et_d_ff port map(clk,S_F2_D,'1',rst,S_f2);
  F3:reg_pos_et_d_ff port map(clk,S_F3_D,'1',rst,S_f3);
  Dec:reg_pos_et_d_ff port map(clk,S_Dec_D,'1',rst,S_dec);
  ctl_sig_reg_to_reg1:ctl_sig_reg_to_reg port map(S_f1,S_f2,S_f3,S_ld,
       S_cpl,S_IRlat,S_GRAout,S_MDRout_a,S_GRBout,S_PRout,S_MARout,
       S_MDRout_b,S_SPout,S_SDRout,S_c_0,S_s_0,S_s_1,S_s_2,S_s_3,
       S_s_ari,S_s_L,S_s_R,S_Flat,S_s_cmp,S_s_nov,S_GRAlat,S_s_inc,
       S_PRlat,S_MARlat,S_s_mdi,S_MDRlat,S_s_dcr,S_SPlat,S_s_sdi,
       S_SDRlat,S_s_stk,S_read,S_write);
  ------------------START CIRCUIT
  S_START_rst <= not rst;
  ------------------F1
  S_F1_D  <= S_START or S_ld or S_cpl;
  ------.-----------F2
  S_F2_D  <= S_f1 ;
  ------------------F3
```

```
  S_F3_D  <= S_f2;
  ------------------Dec-
  S_Dec_D <= S_f3;
  S_ld    <= S_dec and LDr;
  S_cpl   <= S_dec and CPL_r;

  IRlat  <= S_IRlat;GRAout<= S_GRAout;MDRout_a <= S_MDRout_a;
  GRBout <= S_GRBout;PRout <= S_PRout ;MARout   <= S_MARout;
  MDRout_b <= S_MDRout_b;SPout <= S_SPout;SDRout <= S_SDRout;
  c_0 <= S_c_0;s_0 <= S_s_0;s_1 <= S_s_1;s_2 <= S_s_2;s_3 <= S_s_3;
  s_ari <= S_s_ari;s_L <= S_s_L;s_R <= S_s_R;Flat <= S_Flat;
  s_cmp <= S_s_cmp;s_nov <= S_s_nov;GRAlat <= S_GRAlat;
  s_inc <= S_s_inc;PRlat <= S_PRlat;MARlat <= S_MARlat;
  s_mdi <= S_s_mdi;MDRlat <= S_MDRlat;s_dcr <= S_s_dcr;
  SPlat <= S_SPlat;s_sdi <= S_s_sdi;SDRlat <= S_SDRlat;
  s_stk <= S_s_stk;read <= S_read;write <= S_write;
end BEHAVIOR;
```

4.2 パイプラインとメモリ・レジスタ間命令

前節では，レジスタ間命令のマイクロ操作，A: メモリアドレス設定，R: データ読み込み，T: 命令レジスタへの転送，D: 命令デコード，E: 演算・データ転送をつねに逐次的に実行する場合について述べた．本節では，複数の命令のマイクロ操作を並列に処理するパイプライン (pipeline) 処理について述べる．パイプライン処理によって，プロセッサの定常的な命令処理速度を向上させることができる．また，パイプライン処理によってメモリ・レジスタ間命令の実行を効果的に制御できる．

4.2.1 パイプライン処理

前節の単純な命令処理の繰り返しは，図 4.13(a) のように表すことができる．一方，パイプライン処理では，同図 (b) のように複数の命令の異なるマイクロ操作を同じクロックサイクルで同時に実行する．1 個めの命令については，単純な繰り返し処理と同じであるが，2 個めと 3 個めの命令についての命令フェッチが，1 クロックサイクルずつ遅れて並列処理される．

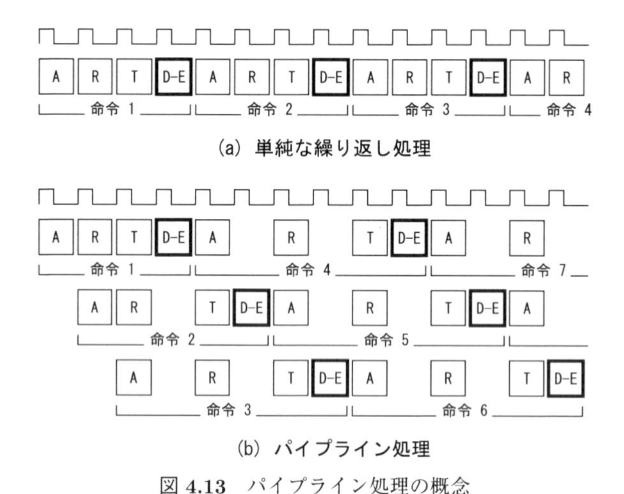

図 **4.13** パイプライン処理の概念

このように，ある命令の処理中に，つぎの命令やデータを予め読み込む処理をプリフェッチ (prefetch) と呼ぶ．本書で前提とするマイクロアーキテクチャでは，D-E のデコードと演算・データ転送のクロックサイクルにおいて，プログラムレジスタまたはスタックポインタの更新以外のマイクロ操作を並列処理することはできない．しかし，その他の互いに異なるマイクロ操作は同時に処理が可能である．4 個め以降の命令についても，同様にして他の命令と並列処理できる．はじめの 1 個の命令が D-E のクロックサイクルにいたるまでのクロック数は同じであるが，定常的にはパイプライン処理が，単純な繰り返し処理の 2 倍の速度で命令を実行していることがわかる．パイプライン処理によってレジスタ間命令を実行制御するための状態図は，図 4.14 のようになる．

パイプライン処理による命令フェッチの様子を図 4.15 に示す．状態 F1 のクロックサイクルは，単純な繰り返し処理による命令フェッチと同じである．プログラムレジスタ PR の内容を，メモリアドレスレジスタ MAR へ転送し，同時につぎのクロックの立ち上がりで PR の値が 1 増加するように操作する．状態 F2 のクロックサイクルでは，MAR の指すメモリアドレスに格納されているデータを MDR へ取り込む．同時に，PR の値を MAR に転送する．また，PR の値が 1 増加するように操作する．すなわち，マイクロ操作 R, A を並列に実行している．状態 F3 のクロックサイクルでは，MDR のデータを命令レ

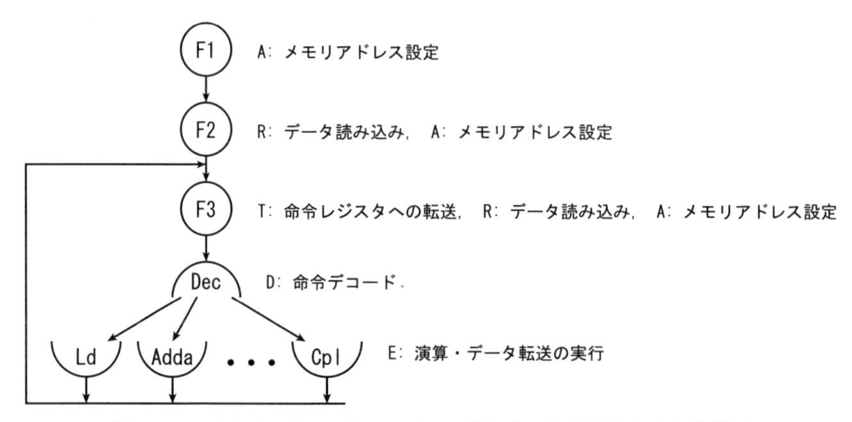

図 **4.14** パイプラインによるレジスタ間命令の実行制御を表す状態図

ジスタ IR へ転送する．同時に，MAR の指すデータを MDR へ取り込む．さらに，PR のデータを MAR へ転送する．すなわち，マイクロ操作 T, R, A を並列に実行している．

パイプライン処理による命令フェッチの実行では，三つのクロックサイクルで生成される制御信号は以下のようになる．

```
     bA  bB     A/S_op   F   bC         Mem
     IAa BPAbSD cs123aLR Fcn GiPAmDdSsD srw
 F1: 000 010000 00010000 000 0111000000 000; MAR ← PR, PR ← PR+1
 F2: 000 010000 00010000 000 0111110000 010; MDR ← mem(MAR),
                                              MAR ← PR, PR ← PR+1
 F3: 101 010000 00010000 000 0001110000 010; IR ← MDR,
                                              MDR ← mem(MAR),
                                              MAR ← PR
```

通常の多くのプロセッサでは，図 4.16 のパイプライン処理の概念に示すように，マイクロ操作 D-E の実行中にも他のマイクロ操作を並列に実行できるようマイクロアーキテクチャを構成する．このようなパイプライン処理では，1 命令当たりのクロック数だけ並列に命令が処理される．クロック数が n ならば，n 段パイプラインと呼ばれる．本書のマイクロアーキテクチャをどのように改めれば，このような処理が可能になるか検討されたい（演習問題 (7)）．

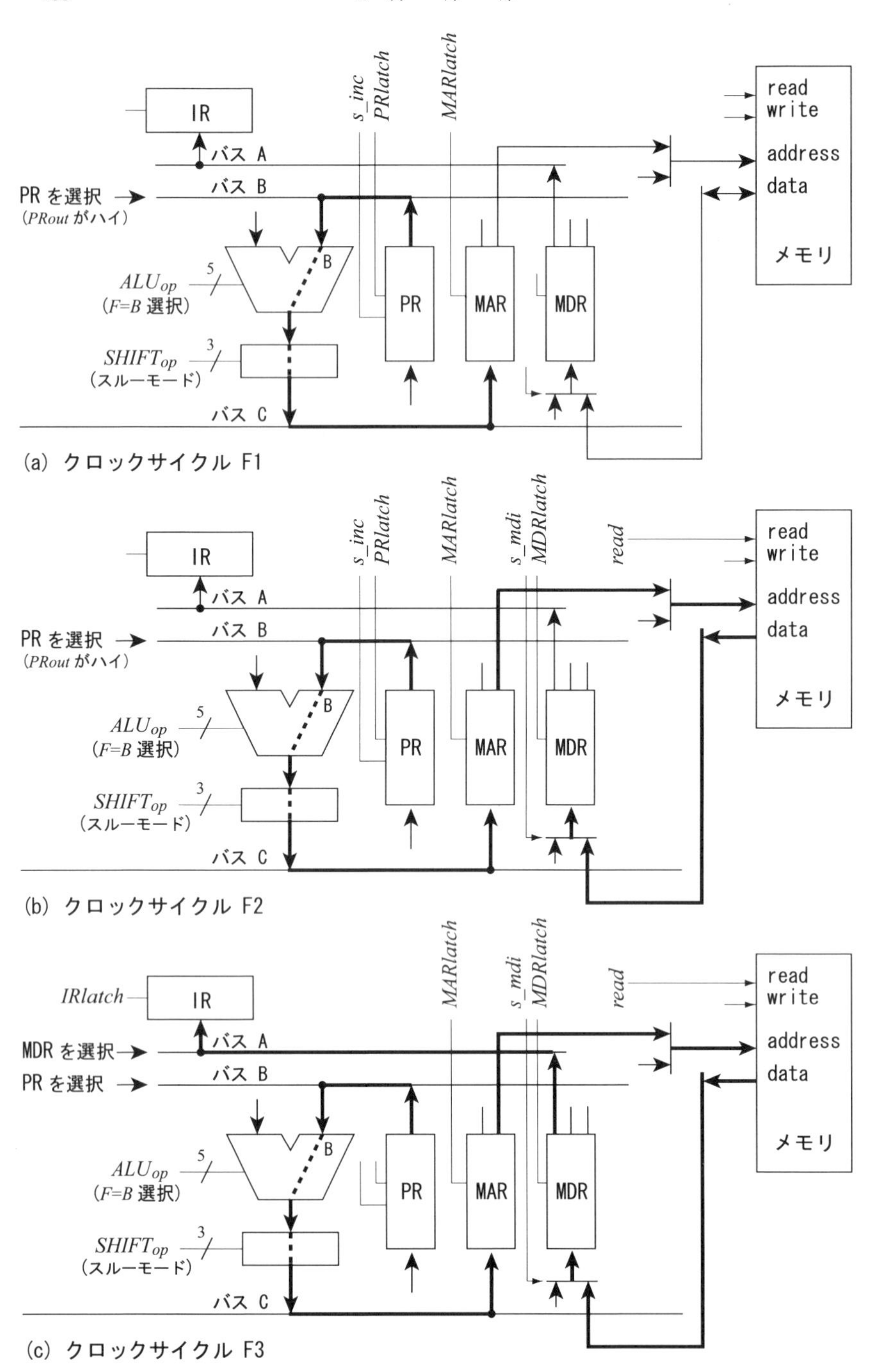

図 4.15　パイプライン処理による命令フェッチ

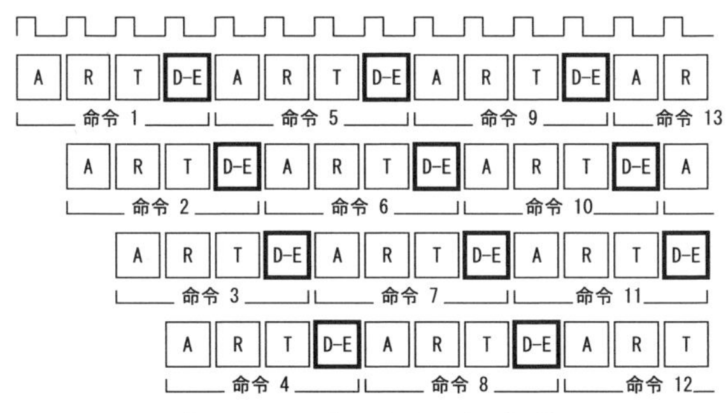

図 4.16　4 段パイプライン処理

4.2.2　パイプラインと性能低下の回避

これまで，命令のデコードと演算・データ転送を，一つのクロックサイクルで処理できるものと考えてきた．すなわち，図 4.17(a) に示すように，デコードに要する時間は十分に短く，デコーダの出力信号に同期して演算・データ転送を開始しても，同一のクロックサイクル内で終了するものと仮定してきた．しかし，**CISC** (complex instruction set computer) [*1] と呼ばれるプロセッサなどでは，デコードに 1 クロックサイクル近くの時間を要するものもある．そ

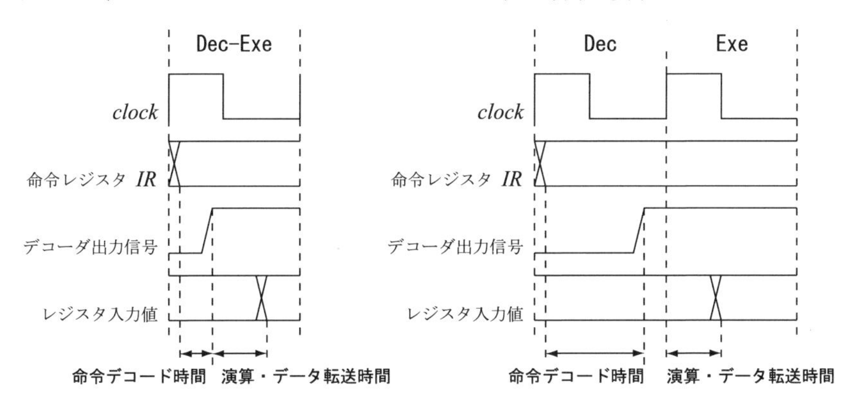

(a) 1 クロックサイクルでデコードと演算・データ転送できる場合
(b) 1 クロックサイクルでデコードと演算・データ転送できない場合

図 4.17　命令デコード時間と演算・データ転送時間

[*1] 複雑な命令を実行できるように設計することで処理能力を向上させたプロセッサ．これに対して，命令を簡略化することで高速化技術を取り入れ，処理性能を向上させたプロセッサを **RISC** (reduced instruction set computer) という．

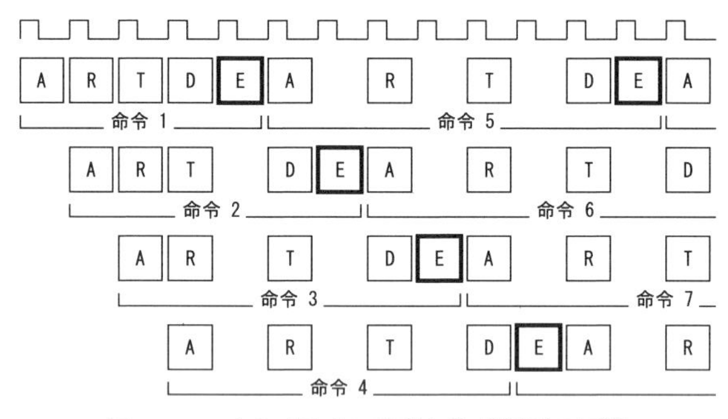

図 4.18 パイプライン処理と性能低下の回避

のような場合には，図 4.17(b) に示すように，デコード状態 Dec と演算・データ転送実行状態 Exe に関する処理を，それぞれ別のクロックサイクルで実行することになる．

このとき，命令の単純な繰り返し処理では，プロセッサの処理速度が低下する．ところがパイプライン処理では，図 4.18 に示すように，定常的なプロセッサ処理速度は，1 クロックサイクルでデコードと演算・データ転送可能な場合と同じである（図 4.13 参照）．したがって，性能の低下を回避することができる．

4.2.3 メモリ・レジスタ間命令への拡張

COMET II のメモリ・レジスタ間命令には，ロード命令 LD, ストア命令 ST, ロードアドレス命令 LAD, 算術論理演算命令 ADDA, ADDL, SUBA, SUBL, AND, OR, XOR, 比較命令 CPA, CPL, シフト演算命令 SLA, SRA, SLL, SRL, 分岐命令 JPL, JMI, JNZ, JZE, JOV, JUMP, スタック操作命令 PUSH, POP, コール命令 CALL, リターン命令 RET がある．これらの内，POP と RET を除く命令はすべて 2 ワード命令である．命令デコーダの解析の結果，2 ワード命令であるとわかったとき，命令の第 1 語を格納する命令レジスタ IR のレジスタフィールドのビット列 *RB* で指定されたインデックスレジスタの値と，命令の第 2 語で指定されたアドレス値との和，すなわち実効アドレス値が計算される．計算の実行効率の点から，第 2 語は第 1 語に続くクロックサイクルで，メモリデータレジスタ MDR に読み込まれるのが望ましい．これは，前述のパイプライン処理による命令フェッチを実行すれば実現できる．

メモリ・レジスタ間命令を実行するために，前節のレジスタ間命令のデコーダを拡張する必要がある．デコーダがメモリ・レジスタ間命令を検出したとき，その命令に対応する出力信号がハイレベルになるものとする．上記の各命令に対応する出力信号をそれぞれ LD_m, ST, LAD, $ADDA_m$, $ADDL_m$, $SUBA_m$, $SUBL_m$, AND_m, OR_m, XOR_m, CPA_m, CPL_m, SLA, SRA, SLL, SRL, JPL, JMI, JNZ, JZE, JOV, $JUMP$, $PUSH$, POP, $CALL$, RET とする．ここで，レジスタ間命令と同名の命令を信号の添え字 'm' で区別した．

2 ワード命令のうち，LAD 命令は計算した実効アドレス値を，命令レジスタのレジスタフィールドのビット列 RA で指定された汎用レジスタへ転送して実行を終了する．一方，LAD 命令以外の 2 ワード命令は，実効アドレスが指すメモリ領域のデータと，命令レジスタのレジスタフィールドのビット列 RA で指定された汎用レジスタのデータとを対象に，演算・データ転送を行なう．メモリ・レジスタ間命令であっても，1 ワード命令の POP 命令および RET 命令は，実効アドレス計算を実行しない．それらは，メモリのスタック領域から先頭データを取り出す．POP 命令は指定された汎用レジスタにそれを格納し，RET 命令はプログラムレジスタ PR に格納する．

図 4.19 は，メモリ・レジスタ間命令を含めた実行制御を表す状態図である．Lad は LAD 命令を実行する状態を表す．Ea は実効アドレスを計算してメモリアドレスレジスタ MAR に格納するクロックサイクルである．このクロックサイクルに LD 命令のクロックサイクル Ld0, Ld1 や ST 命令のクロックサイクル St0, St1 などが続く．2 ワード命令では，演算・データ転送実行中につぎの命令に対するプリフェッチの準備ができない．したがって，命令の終了後は命令フェッチのはじめの状態 F1 まで戻る必要がある．また，1 ワード命令であっても，RET 命令は PR の値を書き換えるので，状態は F1 まで戻る必要がある．すなわち命令レジスタ IR や MDR のデータをいったん捨てて，PR の指すメモリの命令語を読み込むところから処理が繰り返される．一方，POP 命令は同じく 1 ワード命令であり，RET 命令と類似しているが，実行前のプログラムレジスタ PR やメモリアドレスレジスタ MAR，メモリデータレジスタ MDR の値を書き換えないため，命令終了後の状態は F3 へ推移する．Pop0,

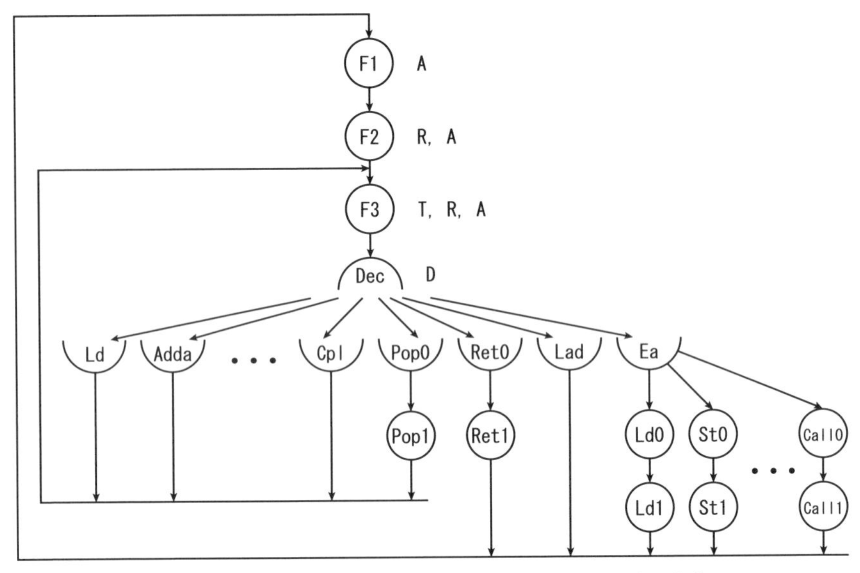

図 4.19 メモリ・レジスタ間命令を含めた実行制御を表す状態図

Pop1 および Ret0, Ret1 は，POP 命令と RET 命令が命令フェッチのあと，二つのクロックサイクルで実行終了することを表している．

4.2.4 制御信号生成回路

メモリ・レジスタ間命令を含む制御信号生成回路は図 4.20 のようになる．これは図 4.12 のレジスタ間命令の制御信号生成回路を拡張することで得られる．

メモリ・レジスタ間のロード命令，ストア命令，算術論理演算命令，比較演算命令，PUSH 命令，CALL 命令の制御信号の生成には，二つのフリップフロップの追加が必要である．POP 命令，RET 命令の制御信号は一つのフリップフロップの追加で生成できる．

実効アドレス計算は，LAD 命令を除く 2 ワード命令に対するデコーダ出力の論理和，すなわち，$LD_m \vee ST \vee \cdots \vee CPL_m \vee \cdots \vee SLA \vee \cdots \vee JPL \vee \cdots \vee PUSH \vee CALL$ によって開始される．LAD 命令では，実効アドレス計算とデータ転送の制御を独自に行う．これらの命令でアドレス修飾がない場合には，命令レジスタの 4 ビットの値 RB に 0000 が割り付けられ（2.1.3 参

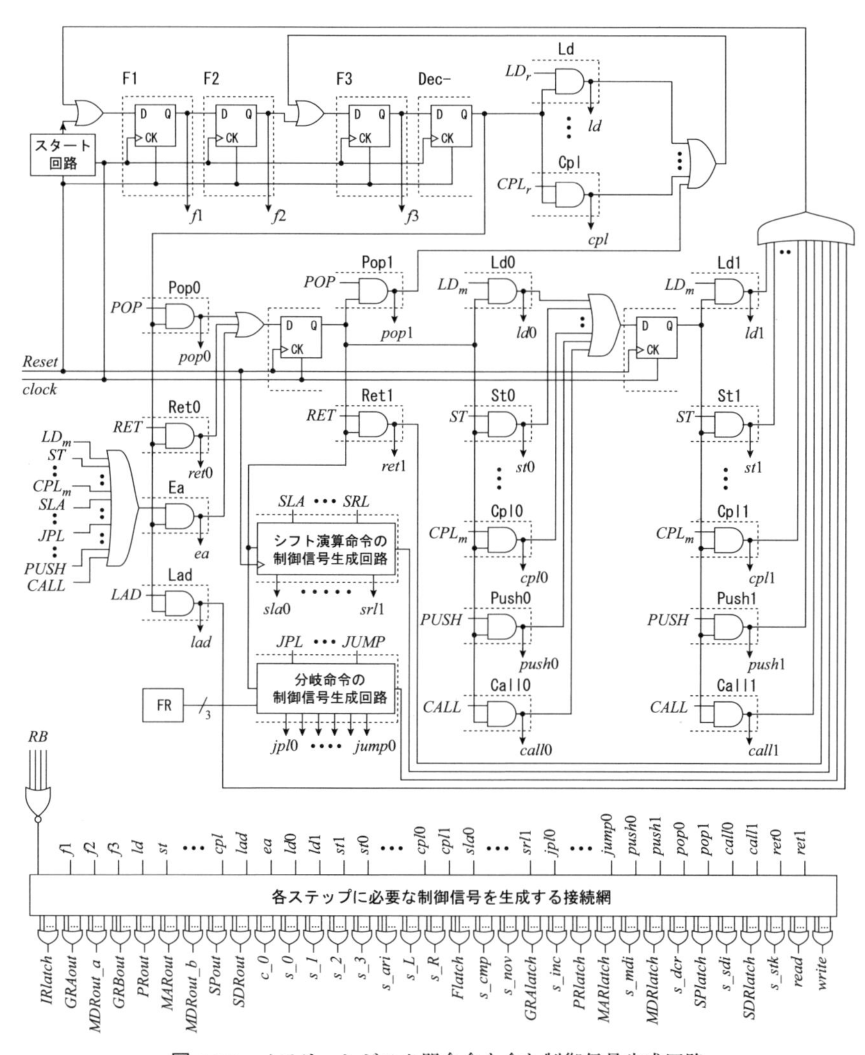

図 4.20　メモリ・レジスタ間命令を含む制御信号生成回路

照)，図 4.20 の NOR ゲートがそれを検出して，制御信号を生成するための接続網へ伝達する．このとき，実効アドレス計算に関する状態 Ea, Lad では，汎用レジスタ GR0 の値ではなく，値 0 をバスへ出力して加算するように制御信号を生成する．

シフト演算命令と分岐命令の制御信号生成回路の詳細については，次節の各命令ごとの説明において明らかにする．

4.3　各種メモリ・レジスタ間命令の実行

本節では，各種メモリ・レジスタ間命令の実行について解説する．ただし，すべての命令に共通なパイプラインによる命令フェッチについては省略する．

4.3.1　ロード命令とストア命令

メモリ・レジスタ間のロード命令 LD は，指定されたメモリ領域のデータを指定された汎用レジスタへ転送する命令である．LD 命令の実行ステップは，デコード・実効アドレス計算を行なうクロックサイクル Dec-Ea，メモリからメモリデータレジスタ MDR へデータ転送するクロックサイクル Ld0，MDR から汎用レジスタ GRA へデータ転送するクロックサイクル Ld1 からなる．各クロックサイクルで生成される制御信号を以下に示す．

```
        bA  bB     A/S_op   F   bC         Mem
        IAa BPAbSD cs123aLR Fcn GiPAmDdSsD srw
Dec-Ea: 001 100000 00111000 000 0001000000 000; if LD_m = 1
                                                 then MAR ← MDR+GRB
   Ld0: 000 000000 00000000 000 0000110000 010; MDR ← mem(MAR)
   Ld1: 000 000100 00010000 101 1000000000 000; GRA ← MDR
```

ロード命令が

```
LD   GR0,#****,GR1
```

のとき，クロックサイクル Dec-Ea における実効アドレス計算のための制御信号とデータの流れは図 4.21 で表せる．命令デコーダの出力信号 LD_m の立ち上がりに同期して，実効アドレス計算がはじまる．バス A に出力するレジス

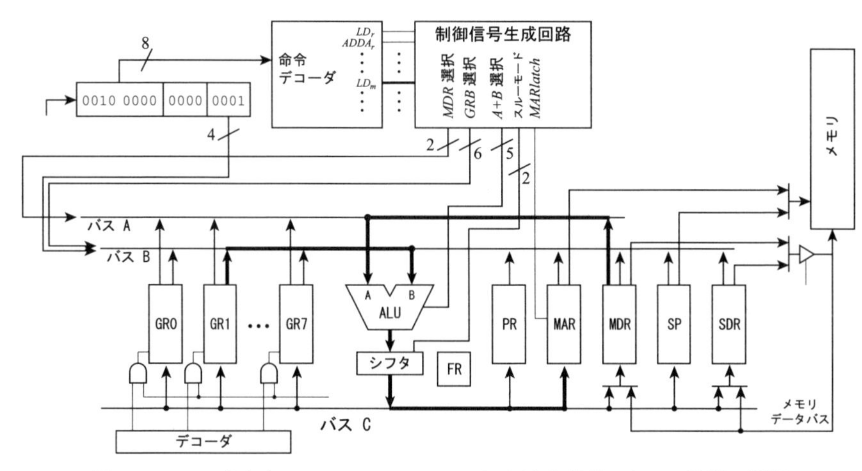

図 4.21 ロード命令 LD GR0,#****,GR1 における実効アドレス計算の制御

タにメモリデータレジスタ MDR を選択するため，$MDRout_a$ 信号をハイレベルにする．命令フェッチの状態 F3 で転送された値 #**** が出力される．バス B に出力するレジスタに汎用レジスタ GR1 を選択するため，$GRBout$ 信号をハイレベルにする．ここで GR1 は，命令レジスタのレジスタフィールドのビット列 $RB = 0001$ によって選択される．ALU の機能に $F = A + B$（表 3.2, 3.3 参照）を，またシフタの機能にスルーモード（表 3.4 参照）をそれぞれ設定する．#**** と GR1 の値の和，すなわち実効アドレスが計算される．その結果は，バス C を経由してメモリアドレスレジスタ MAR へ格納される．$MARlatch$ がハイレベルになっている必要がある．

これにクロックサイクル Ld0, Ld1 が続く．クロックサイクル Ld0, Ld1 における制御信号とデータの流れは図 4.22 のように表せる．

クロックサイクル Ld0 では，メモリアドレスレジスタ MAR の指定するメモリのデータが，メモリデータバスを経由してメモリデータレジスタ MDR に転送される．MAR の出力値をメモリへのアドレス信号 $address$ とするため制御信号 s_{stk} をローレベルにする．メモリデータバスから MDR にデータを読み込むため s_{mdi} 信号をハイレベルにする．また，$MDRlatch$ 信号をハイレベルにする必要がある．

クロックサイクル Ld1 では，メモリデータレジスタ MDR の値がバス B,

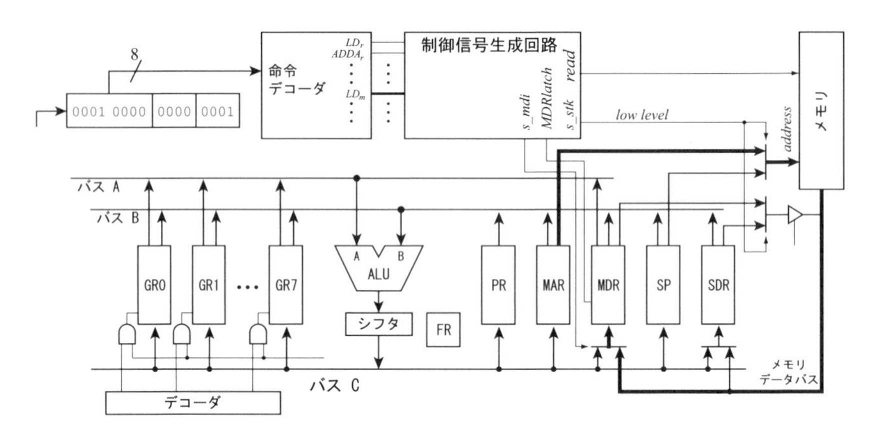

(1) クロックサイクル Ld0; MDR←mem(MAR)

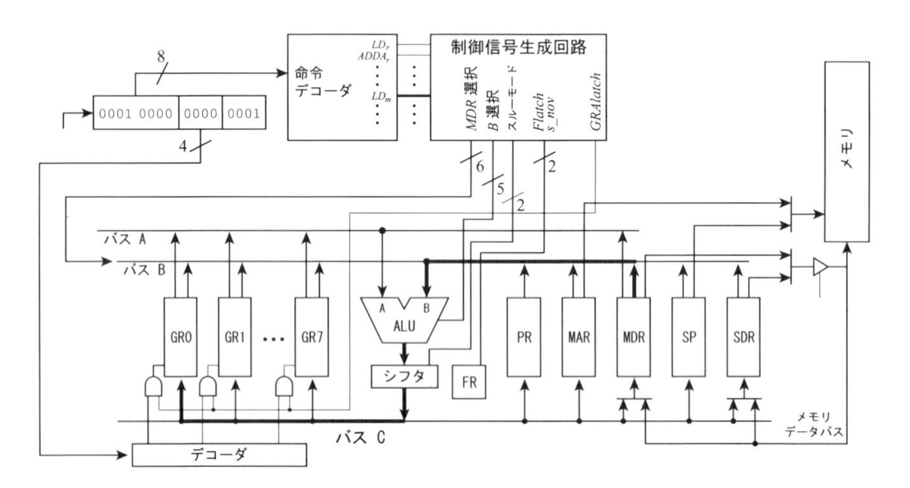

(2) クロックサイクル Ld1; GRA←MDR

図 4.22　ロード命令 LD GR0, #****,GR1 における制御信号とデータの流れ

ALU, シフタ，バス C を経由して汎用レジスタ GR0 へ転送される．バス B へ接続するレジスタに MDR を選択するため，$MDRout_b$ 信号をハイレベルにする．ALU の機能に $F = B$ を，シフタの機能にスルーモードをそれぞれ設定する．転送先の GR0 は，命令レジスタのレジスタフィールドのビット列 $RA=$ 0000 をデコードすることで特定される．同時に $GRAlatch$ 信号をハイレベルにしておく必要がある．またロード命令はフラグレジスタを更新するため，$Flatch$ 信号をハイレベルにする．ただし，オーバフローフラグにはつねに 0 が設定されるため，s_{nov} 信号もハイレベルにする．

ロード命令の実行ステップを構成する三つの連続クロックサイクル Dec-Ea, Ld0, Ld1 のタイムチャートを図 4.23 (a) に示す．

メモリ・レジスタ間の LD 命令とは逆に，汎用レジスタの内容を実効アドレスの指すメモリ領域に格納する命令がストア命令 ST である．ストア命令の実行ステップは，デコード・実効アドレス計算を行なうクロックサイクル Dec-Ea, 汎用レジスタ GRA からメモリデータレジスタ MDR へデータ転送するクロックサイクル St0, MDR からメモリへデータ転送するクロックサイクル St1 からなる．各クロックサイクルで生成される制御信号を以下に示す．

```
          bA  bB     A/S_op   F   bC         Mem
          IAa BPAbSD cs123aLR Fcn GiPAmDdSsD srw
Dec-Ea:   001 100000 00111000 000 0001000000 000; if ST = 1
                                                  then MAR ← MDR+GRB
   St0:   010 000000 00100000 000 0000010000 000; MDR ← GRA
   St1:   000 000000 00000000 000 0000000000 001; mem(MAR) ← MDR
```

命令デコーダの出力信号 ST の立ち上がりに同期して実効アドレス計算が実行される．実効アドレス計算の制御信号とデータの流れは，メモリ・レジスタ間 LD 命令と同様である．

クロックサイクル St0 では，汎用レジスタ GRA のデータがバス A, ALU, シフタ，バス C を経由してメモリデータレジスタ MDR へ転送される．バス A に接続するレジスタに汎用レジスタ GRA を選択するため，$GRAout$ 信号をハイレベルにする．ALU の機能に $F = A$ を，シフタの機能にスルーモードをそれぞれ設定する．バス C の値を取り込むため，$MDRlatch$ 信号をハイレベ

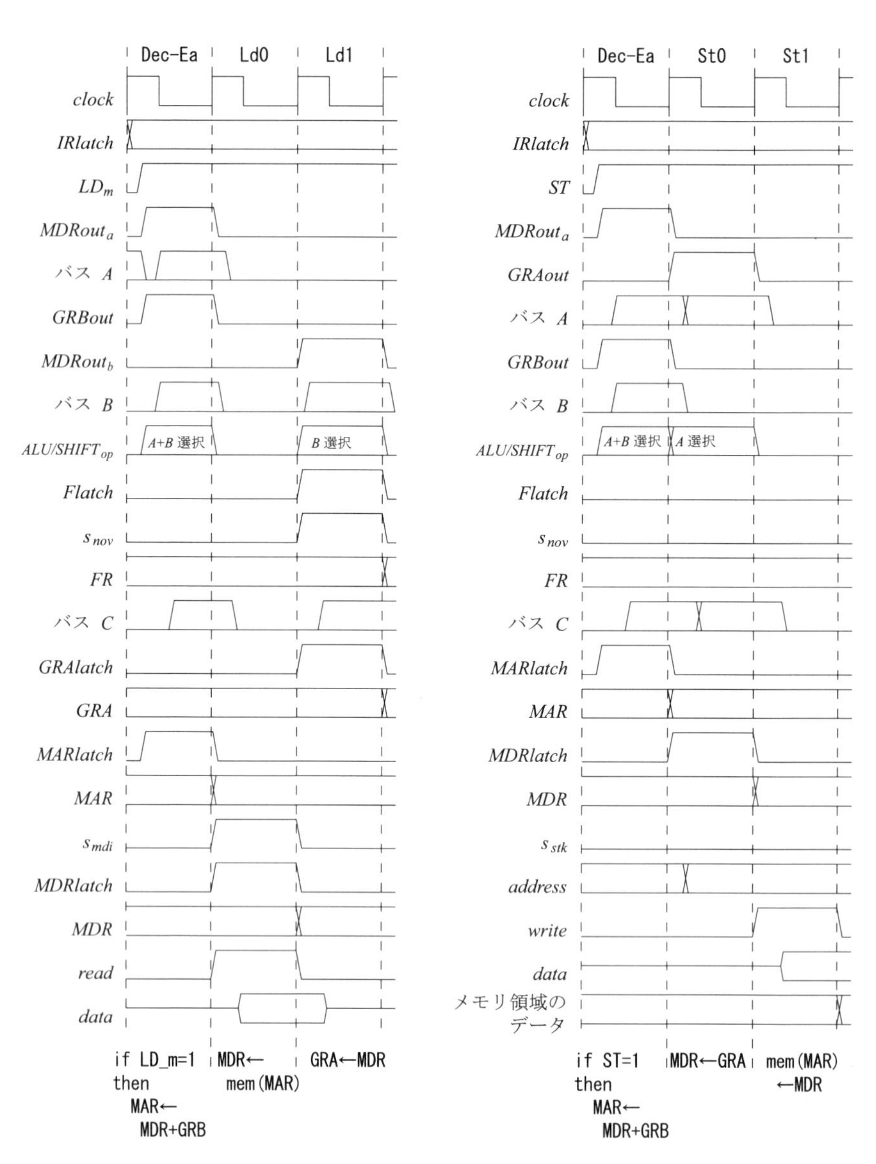

(a) 実行ステップ Dec-Ea, Ld0, Ld1

(b) 実行ステップ Dec-Ea, St0, St1

図 4.23 LD 命令と ST 命令の実行ステップのタイムチャート

ルにしておく.

クロックサイクル St1 では，メモリアドレスレジスタ MAR の実効アドレス値に対応するメモリ領域に，メモリデータレジスタ MDR のデータが転送される．メモリへの *address* 信号として MAR を出力するため，制御信号 s_{stk} はローレベルにしておく必要がある．また，つぎのクロックサイクルのクロックの立ち上がり時点でメモリへの書き込みを行なうため，制御信号 *write* をハイレベルにする.

ストア命令の実行ステップを構成する三つの連続クロックサイクル Dec-Ea, St0, St1 のタイムチャートを図 4.23 (b) に示す.

4.3.2 ロードアドレス命令

ロードアドレス命令 LAD は，指定された汎用レジスタに実効アドレス値を直接転送する．それは，命令フェッチの三つのクロックサイクルに続く実行ステップ Dec-Lad だけで完了する．Dec-Lad において生成される制御信号は以下のとおりである.

```
          bA  bB     A/S_op   F   bC         Mem
          IAa BPAbSD cs123aLR Fcn GiPAmDdSsD srw
Dec-Lad:  001 100000 00111000 000 1000000000 000; if LAD = 1
                                                  then GRA ← MDR+GRB
```

ロードアドレス命令が

```
LAD   GR0,#****,GR1
```

のとき，制御信号とデータの流れは図 4.24 で表せる．命令デコーダの出力信号 *LAD* の立ち上がりに同期して実効アドレスの計算がはじまる．バス A に出力するレジスタとしてメモリデータレジスタ MDR を選択するため，$MDRout_a$ 信号をハイレベルにする．命令フェッチの状態 F3 で MDR に転送された値 #**** がバス A に出力される．バス B に出力するレジスタとして汎用レジスタ GR1 を選択するため，*GRAout* 信号をハイレベルにする．GR1 は，命令レジスタのレジスタフィールドのビット列 *RB*= 0001 で特定される．ALU の機能に $F = A + B$ を，シフタの機能にスルーモードをそれぞれ設定する．#****

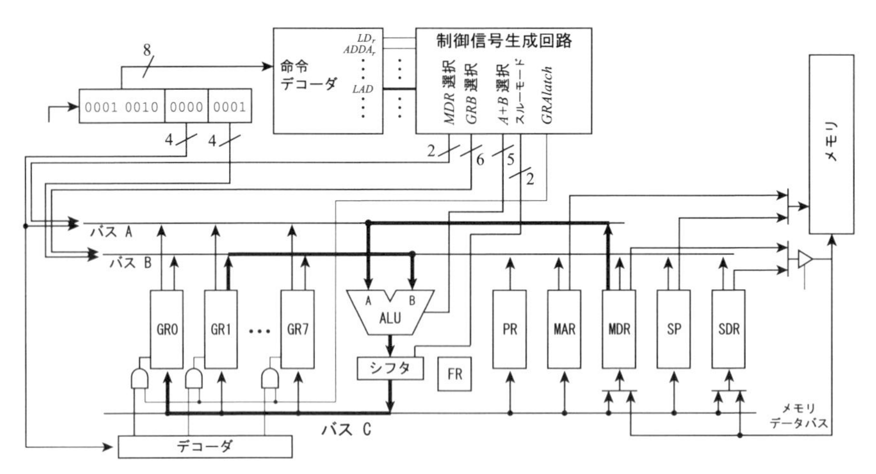

図 4.24　ロードアドレス命令 LAD GR0,#****,GR1 における制御信号とデータの流れ

と GR1 の値の和が計算され，バス C を経由して汎用レジスタ GR0 へ格納される．GR0 は，命令レジスタのレジスタフィールドのビット列 $RA = 0000$ をデコードして特定される．GR0 を更新するため *GRAlatch* がハイレベルになっている必要がある．

4.3.3　算術，論理演算命令

メモリ・レジスタ間の算術，論理演算命令は，指定された汎用レジスタ GRA の格納値と実効アドレス値が指すメモリ領域の値との算術演算または論理演算を実行して，結果を GRA に転送する．

例として算術減算命令

```
SUBA   GRA,#****,GRB
```

を考える．SUBA 命令の実行ステップは，デコード・実効アドレス計算を行なうクロックサイクル Dec-Ea，メモリからメモリデータレジスタ MDR へデータ転送するクロックサイクル Adda0，汎用レジスタ GRA の格納値から MDR の格納値を算術減算し，結果を GRA へ転送するクロックサイクル Adda1 からなる．各クロックサイクルで生成される制御信号を以下に示す．

```
bA  bB     A/S_op   F   bC          Mem
IAa BPAbSD cs123aLR Fcn GiPAmDdSsD srw
```

```
Dec-Ea: 001 100000 00111000 000 0001000000 000; if SUBA_m = 1
                                                then MAR ← MDR+GRB
 Suba0: 000 000000 00000000 000 0000110000 010; MDR ← mem(MAR)
 Suba1: 010 000100 11111100 100 1000000000 000; GRA ← GRA-MDR
```

命令デコーダの出力信号 $SUBA_m$ の立ち上がりに同期して実効アドレス計算がはじまる．クロックサイクル Dec-Ea の実効アドレス計算における制御信号とデータの流れは，前述のメモリ・レジスタ間 LD 命令のそれと同様である．また，クロックサイクル Suba0 のデータ転送における制御信号とデータの流れは，同 LD 命令のクロックサイクル Ld0 と同様である．

クロックサイクル Suba1 では，汎用レジスタ GRA とメモリデータレジスタ MDR の値がそれぞれバス A, バス B に出力され，それらの値について ALU で算術減算が実行される．その結果はシフタとバス C を経由して GRA に転送される．バス A に接続するレジスタとして GRA を選択するため，*GRAout* 信号をハイレベルにする．具体的な GRA は，命令レジスタのレジスタフィールドのビット列 *RA* で選択される．バス B に接続するレジスタとして MDR を選択するため，$MDRout_b$ 信号をハイレベルにする．ALU の機能を減算に設定し，また算術演算であるから s_{ari} 信号をハイレベルにする．シフタの機能はスルーモードに設定する．結果の転送先である GRA は，命令レジスタのレジスタフィールドのビット列 *RA* をデコードして特定される．GRA を更新するため，*GRAlatch* 信号をハイレベルにしておく必要がある．また SUBA 命令はフラグレジスタを更新するため，*FRlatch* 信号をハイレベルにする．

その他の算術，論理演算命令も，$ALU/SHIFT_{op}$ および *FLAG* フィールドの制御信号が異なる以外同様である．

4.3.4　比較演算命令

メモリ・レジスタ間の比較演算命令は，指定された汎用レジスタの値と実効アドレスが指すメモリ領域の値との大小関係を比較して，フラグレジスタの SF フラグと ZF フラグを設定する．例として算術比較命令

```
CPA   GRA,#****,GRB
```

を考える．CPA 命令の実行ステップは，デコード・実効アドレス計算を行な

うクロックサイクル Dec-Ea, メモリからメモリデータレジスタ MDR へデータ転送するクロックサイクル Cpa0, 汎用レジスタ GRA と MDA の格納値を比較して，フラグレジスタを設定するクロックサイクル Cpa1 からなる．各クロックサイクルで生成される制御信号を以下に示す．

```
        bA  bB     A/S_op   F   bC         Mem
        IAa BPAbSD cs123aLR Fcn GiPAmDdSsD srw
Dec-Ea: 001 100000 00111000 000 0001000000 000; if CPA_m = 1
                                                then MAR ← MDR+GRB
  Cpa0: 000 000000 00000000 000 0000110000 010; MDR ← mem(MAR)
  Cpa1: 010 000100 11111100 111 0000000000 000; GRA-MDR
```

命令デコーダの出力信号 CPA_m の立ち上がりに同期して実効アドレス計算がはじまる．クロックサイクル Dec-Ea の実効アドレス計算における制御信号とデータの流れと，クロックサイクル Cpa0 のデータ転送における制御信号とデータの流れは，前項のメモリ・レジスタ間の算術減算命令と同様である．クロックサイクル Cpa1 の制御信号とデータの流れも同命令のクロックサイクル Suba1 と類似しているが，減算の結果を汎用レジスタに取り込まない点が異なる．また，s_{cmp} 信号と s_{nov} 信号をハイレベルにする必要がある（図 3.25 および表 3.5 参照）．

論理比較命令 CPL では，最終クロックサイクルにおいて制御信号 s_{ari} がローレベルになる．その他の信号は CPA と同じである．

4.3.5　シフト演算命令

シフト演算命令は，指定された汎用レジスタの内容を実効アドレス値だけビットシフトする命令である．本書のマイクロアーキテクチャでは，1 ビットシフタを繰り返し用いることで必要なビット数のシフト演算を実現する（図 3.22 および 3.23 参照）．

シフト演算命令の制御信号生成回路例を図 4.25 に示す．シフト演算命令の検出にひき続いて実効アドレス計算が行なわれ，その値がメモリアドレスレジスタ MAR に格納された時点からこの回路が機能する（図 4.20 をあわせて参照）．つぎのクロックサイクルで MAR の実効アドレス値の 2 の補数を計算し

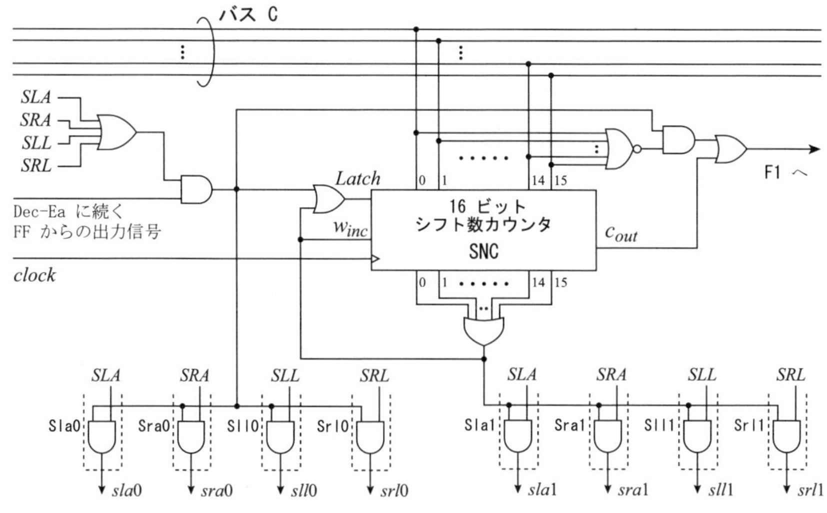

図 4.25　シフト演算命令の制御信号生成回路

て，シフト数カウンタ SNC へ転送する．転送された値はそのクロックサイクルの終了時点，すなわち，つぎのクロックサイクルのクロックの立ち上がりに同期して SNC に取り込まれる．SNC の値は，ひき続くクロックサイクルが終了するごとに 1 増加する．そのあいだ，1 クロックについて 1 ビットのシフト操作が実行される．SNC の値が –1 になったクロックサイクルでは，カウンタからの出力値 C_{out} がハイレベルとなり，状態 F1 のフリップフロップへ伝播する．そしてそのクロックサイクルが終了したとき，SNC の値が 0 となり，シフト演算命令が終了してクロックサイクル F1 へ制御が移る．シフト数カウンタ SNC では，実効アドレス値と等しいクロック数が計数される．

具体的なシフト演算命令の例として，算術左シフト命令

```
        SLA   GRA,#****,GRB
```

を考える．各クロックサイクルで生成される制御信号は

```
        bA  bB     A/S_op   F   bC         Mem
        IAa BPAbSD cs123aLR Fcn GiPAmDdSsD srw
Dec-Ea: 001 100000 00111000 000 0001000000 000; if SLA = 1
                                                then MAR ← MDR+GRB
  Sla0: 000 001000 11111000 000 0000000000 000; SNC ← -MAR
  Sla1: 010 000000 00100110 100 1000000000 000; if SNC <> 0
```

```
then {GRA ← sla(GRA),
      SNC ← SNC+1,
      Sla1}
```

となる．ここで，SNC <> 0 はシフト数カウンタ SNC の値が 0 でないことを表す．また，sla(GRA) はレジスタ GRA の内容を 1 ビット算術左シフトするマイクロ操作を表す．

命令デコーダの出力信号 *SLA* の立ち上がりに同期して実効アドレス計算がはじまる．クロックサイクル Dec-Ea の実効アドレス計算における制御信号とデータの流れは，前述のメモリ・レジスタ間 LD 命令のそれと同様である．

クロックサイクル Sla0 では，MAR の実効アドレス値の 2 の補数を SNC へ転送する．SNC の値が 0 でないならば，クロックサイクル Sla1 では 1 ビットシフト操作が実行され，SNC の値が 1 増加する．シフト数カウンタ SNC の値が 0 でないあいだ Sla1 が再帰的に実行される．SLA 命令の実行クロック数は，メモリアドレスレジスタ MAR の実効アドレス値によって異なる．実効アドレス値が 0 のとき，実行されるクロックサイクルは Dec-Ea と Sla0 だけであり，シフト演算は実質的に実行されない．実効アドレス値が N ならば，Dec-Ea と Sla0 に加え，Sla1 を N 回繰り返す．例えば，実効アドレス値が 3 のとき，クロックサイクル Sla0 の終了時点で SNC に #FFFD が書き込まれる．それに続くクロックサイクルが終了するごとに SNC の内容は#FFFD → #FFFE → #FFFF → #0000 と変化する．このあいだ Sla1 が 3 回繰り返され，GRA の内容が 3 ビット算術左シフトする．

他の命令，SRA, SLL, SRL についてもシフタへの制御信号が異なる以外同様である．

4.3.6 分岐命令

分岐命令は，フラグレジスタ FR (OF, SF, ZF) の値が分岐条件を満たすとき，プログラムレジスタ PR の値を，メモリアドレスレジスタ MAR の実効アドレス値で書き換えて，プログラム処理の流れを変える．例えば，正分岐命令

```
JPL   #****,GRB
```

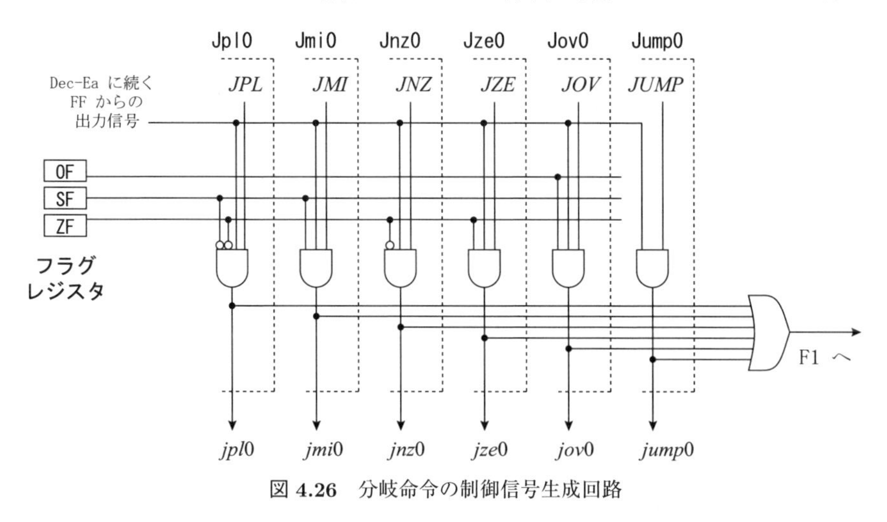

図 4.26　分岐命令の制御信号生成回路

の場合，SF の値が 0，かつ ZF の値が 0 ならば，PR の値が MAR の値で書き換えられる．制御信号

```
          bA  bB     A/S_op   F   bC         Mem
          IAa BPAbSD cs123aLR Fcn GiPAmDdSsD srw
Dec-Ea: 001 100000 00111000 000 0001000000 000; if JPL = 1
                                                 then MAR ← MDR+GRB
  Jpl0: 000 001000 00010000 000 0010000000 000; if (SF=0)AND(ZF=0)
                                                 then PR ← MAR
```

が生成される．クロックサイクル Dec-Ea の実効アドレス計算は，命令デコーダの出力信号 *JPL* に同期してはじまる．制御信号とデータの流れは，前述のメモリ・レジスタ間 LD 命令のそれと同様である．MAR に得られた実効アドレスが分岐先となる．

他の分岐命令についても同様である．各分岐条件については表 2.1 を参照されたい．分岐命令の制御信号生成回路例を図 4.26 に示す．

4.3.7　スタック操作命令

メモリ領域内に積み上げられたスタックからデータを出し入れするのがスタック操作命令の機能である．プッシュ命令 PUSH がスタックにデータをプッシュダウンし，ポップ命令 POP がスタックからデータをポップアップする．

PUSH 命令の実行ステップは，デコード・実効アドレス計算を行なうクロックサイクル Dec-Ea と，メモリアドレスレジスタ MAR の値をスタックデータレジスタ SDR へ転送し，スタックポインタ SP の値を 1 減少させるクロックサイクル Push0 および，SP の指すメモリ領域に SDR の値を転送するクロックサイクル Push1 からなる．各クロックサイクルで生成される制御信号を以下に示す．

```
          bA  bB     A/S_op   F   bC         Mem
          IAa BPAbSD cs123aLR Fcn GiPAmDdSsD srw
Dec-Ea: 001 100000 00111000 000 0001000000 000; if PUSH = 1
                                                 then MAR ← MDR+GRB
 Push0: 000 001000 00010000 000 0000001101 000; SDR ← MAR, SP ← SP-1
 Push1: 000 000000 00000000 000 0000000000 101; mem(SP) ← SDR
```

命令デコーダの出力信号 $PUSH$ の立ち上がりに同期して，実効アドレスの計算がはじまる．クロックサイクル Dec-Ea の実効アドレス計算における制御信号とデータの流れは，前述のメモリ・レジスタ間 LD 命令のそれと同様である．

クロックサイクル Push0 では，MAR の値をバス B, ALU, シフタ，バス C を経由して SDR へ転送する．$MARout$ 信号をハイレベルにして，MAR をバス B に接続する．ALU の機能に $F = B$ を，シフタの機能にスルーモードをそれぞれ選択する．SDR にデータを取り込むため，$SDRlatch$ 信号をハイレベルにする．このクロックサイクルでは，並行して SP の値を 1 減少させるので，SP にディクリメンタの機能を設定する必要がある．s_{dcr} 信号と $SPlatch$ 信号をハイレベルにする．

クロックサイクル Push1 では，メモリへの $address$ 信号として SP の値を出力し，そのアドレスに対応するメモリ領域に SDR の値を書き込む．SP と SDR を選択するために，s_{stk} 信号をハイレベルにする．メモリへの書込み操作であるから $write$ 信号をハイレベルにする．

PUSH 命令の実行ステップを構成する三つのクロックサイクル Dec-Ea, Push0, Push1 のタイムチャートを図 4.27 (a) に示す．

一方，POP 命令の実行ステップは，スタックポインタ SP の指示するメモ

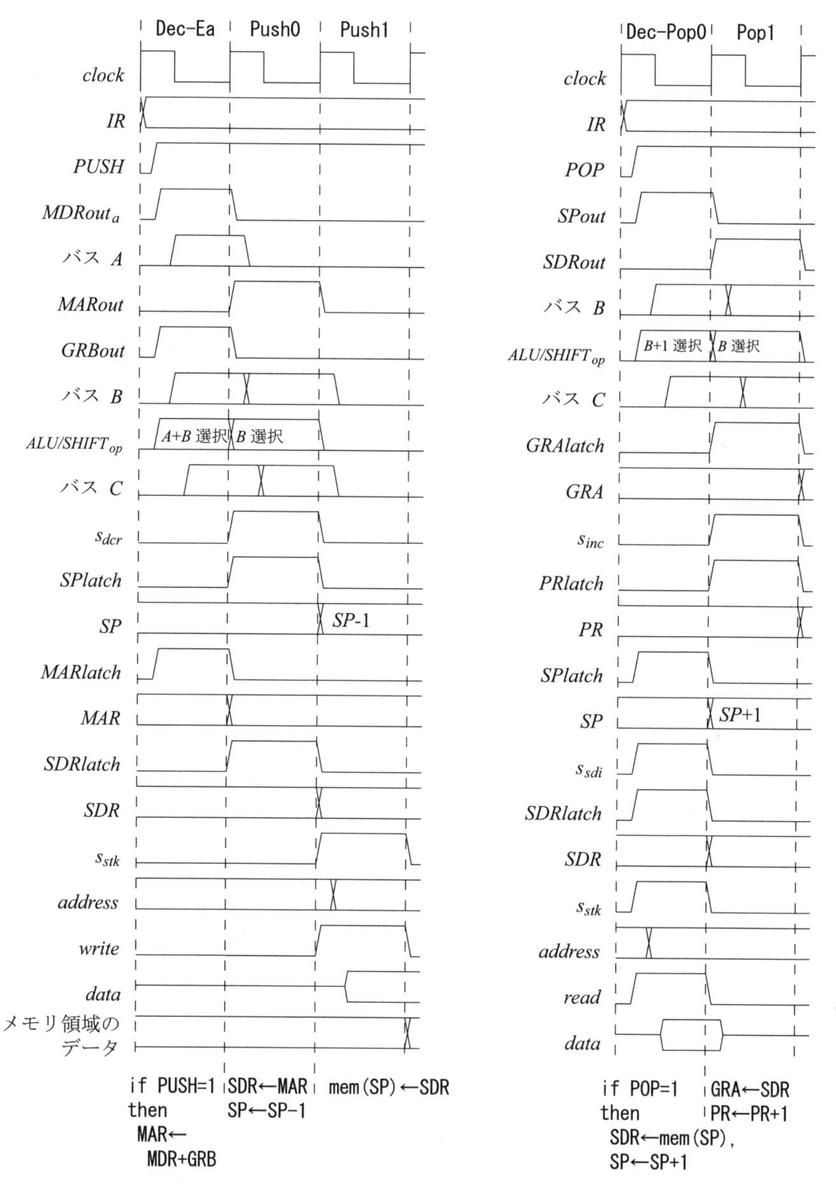

(a) 実行ステップ Dec-Ea, Push0, Push1　　(b) 実行ステップ Dec-Pop0, Pop1

図 4.27　PUSH 命令と POP 命令の実行ステップのタイムチャート

リ領域の値をスタックデータレジスタ SDR へ取り込み，SP の値を 1 増加させるクロックサイクル Dec-Pop0 と，SDR のデータを指定された汎用レジスタ GRA に転送するクロックサイクル Pop1 からなる．それぞれのクロックサイクルで生成される制御信号は以下のとおりである．

```
           bA  bB     A/S_op   F   bC         Mem
           IAa BPAbSD cs123aLR Fcn GiPAmDdSsD srw
Dec-Pop0:  000 000010 10111000 000 0000000111 110; if POP = 1
                                                   then {SDR ← mem(SP),
                                                         SP ← SP+1}
    Pop1:  000 000001 00010000 000 1110000000 000; GRA ← SDR, PR ← PR+1
```

例えば，POP 命令が

```
POP  GR1
```

ならば，各クロックサイクルの制御信号とデータの流れは図 4.28 で表せる．

命令デコーダの出力信号 *POP* の立ち上がりに同期して，ポップアップ操作がはじまる．メモリへの *address* 信号として SP の値を出力し，そのアドレスに対応するメモリ領域の値をメモリデータバスを経由して SDR へ取り込む．SP の出力を選択するために s_{stk} 信号を，また SDR へデータを供給するバスにメモリデータバスを選択するために，s_{sdi} 信号をそれぞれハイレベルにする．SDR がデータを更新するので *SDRlatch* 信号もハイレベルにする必要がある．このクロックサイクルでは，並行して SP の値を 1 増加させる．SP にはインクリメンタの機能がないので ALU で 1 を加算する．バス B, ALU, シフタ，バス C を経由して再び SP に値を取り込む．*SPout* 信号をハイレベルとして，バス B に SP の値を出力する．ALU の機能に $F = B + 1$ を，シフタの機能にスルーモードをそれぞれ設定する．SP の値を更新するために *SPlatch* 信号もハイレベルにする．

クロックサイクル Pop1 では，SDR の値をバス B, ALU, シフタ，バス C を経由して GRA へ転送する．図 4.28 の例では GR1 が具体的な転送先になる．バス B に接続するレジスタに SDR を選択するため，*SDRout* 信号をハイレベルにする．ALU の機能に $F = B$ を，シフタの機能にスルーモードをそれぞれ設定する．転送先の GR1 は，命令レジスタのレジスタフィールドのビット

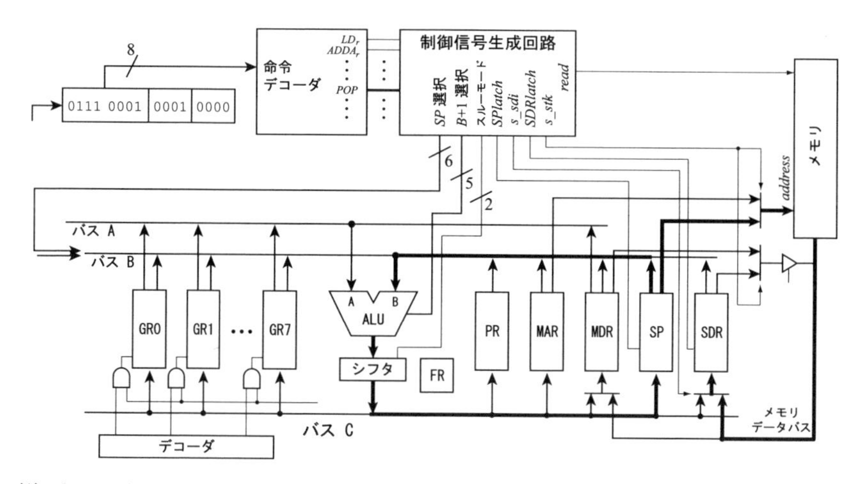

(1) クロックサイクル **Dec-Pop0; if POP=1 then SDR←mem(SP),SP←SP+1**

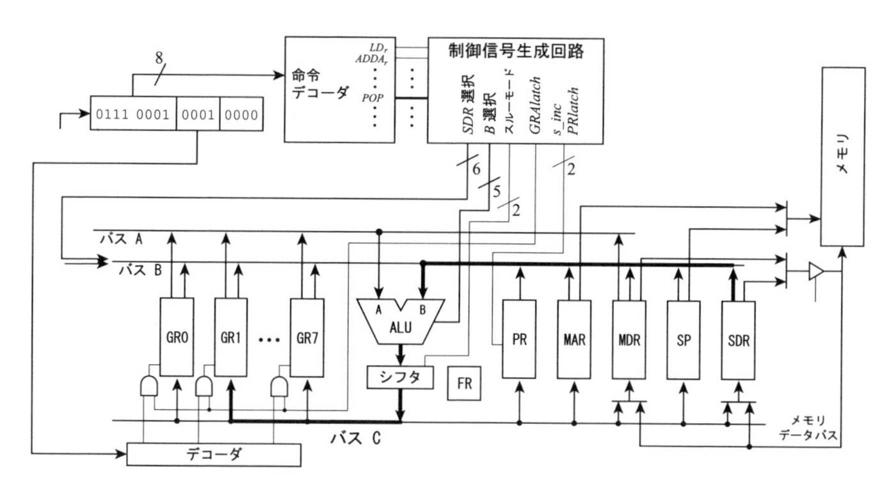

(2) クロックサイクル **Pop1; GRA←SDR, PR←PR+1**

図 **4.28** ポップ命令 POP GR1 における制御信号とデータの流れ

列 $RA = 0001$ をデコードすることで特定される．$GRAlatch$ 信号もハイレベルにする必要がある．

POP 命令の実行ステップを構成する二つのクロックサイクル Dec-Pop0 と Pop1 のタイムチャートを図 4.27 (b) に示す．

POP 命令は，プログラムレジスタ PR やつぎの命令を格納するメモリデータレジスタ MDR の内容に影響を及ぼさない．そのため，POP 命令実行終了後の制御状態は，図 4.20 の命令フェッチ状態 F3 へ推移する．

4.3.8 コール，リターン命令

サブルーチンを呼び出す命令がコール命令 CALL であり，サブルーチンからそれを呼び出したプログラムへ実行制御を返すのがリターン命令 RET である．

CALL 命令は，プログラムレジスタ PR の値をスタックにプッシュダウンして退避させ，サブルーチンの先頭番地である実効アドレスを PR に転送する．その実行ステップは，デコード・実効アドレス計算を行なうクロックサイクル Dec-Ea と，PR の値をスタックデータレジスタ SDR へ転送し，スタックポインタ SP の値を 1 減少させるクロックサイクル Call0 および，SP の指すメモリ領域に SDR の値を転送し，計算した実効アドレス値を PR へ転送するクロックサイクル Call1 からなる．各クロックサイクルで生成される制御信号を以下に示す．

```
         bA  bB     A/S_op   F   bC         Mem
         IAa BPAbSD cs123aLR Fcn GiPAmDdSsD srw
Dec-Ea:  001 100000 00111000 000 0001000000 000; if CALL = 1
                                                 then MAR ← MDR+GRB
 Call0:  000 010000 00010000 000 0000001101 000; SDR ← PR, SP ← SP-1
 Call1:  000 001000 00010000 000 0010000000 101; mem(SP) ← SDR, PR ← MAR
```

命令デコーダの出力信号 $CALL$ の立ち上がりに同期して実効アドレス計算がはじまる．クロックサイクル Dec-Ea の実効アドレス計算における制御信号とデータの流れは，前述のメモリ・レジスタ間 LD 命令のそれと同様である．

クロックサイクル Call0 では，プログラムレジスタ PR の値をバス B, ALU, シフタ，バス C を経由してスタックデータレジスタ SDR へ転送する．$PRout$

信号をハイレベルにして，PR をバス B に接続する．ALU の機能に $F = B$ を，シフタの機能にスルーモードをそれぞれ選択する．SDR にデータを取り込むため，*SDRlatch* 信号をハイレベルにする．このクロックサイクルでは並行してスタックポインタ SP の値を 1 減少させるので，SP にディクリメンタの機能を設定する．s_{dcr} 信号と *SPlatch* 信号をハイレベルにする．

クロックサイクル Call1 では，メモリへの *address* 信号としてスタックポインタ SP の値を出力し，そのアドレスに対応するメモリ領域にスタックデータレジスタ SDR の値を書き込む．SP と SDR を選択するために，s_{stk} 信号をハイレベルにする．メモリへの書き込み操作のため *write* 信号をハイレベルにする．また，このクロックサイクルでは，並行してメモリアドレスレジスタ MAR の実効アドレス値をバス B, ALU, シフタ，バス C を経由してプログラムレジスタ PR へ転送する．*MARlatch* 信号をハイレベルにして MAR の値をバス B に出力する．ALU の機能に $F = B$ を，シフタの機能にスルーモードをそれぞれ設定する．PR の値を更新するので *PRlatch* 信号をハイレベルにする．

一方，RET 命令は，CALL 命令によってスタックに退避したサブルーチンからの戻り番地をポップアップして，プログラムレジスタ PR へ転送する．これによって，サブルーチンを呼び出したプログラムへ実行制御が返される．RET 命令は POP 命令と類似している．両者の違いは，POP 命令がスタックからポップアップした値を指定された汎用レジスタ GRA に転送するのに対して，RET 命令はポップアップした値を PR へ転送する点である．

RET 命令の実行ステップは，スタックポインタ SP の指示するメモリ領域の値をスタックデータレジスタ SDR へ取り込み，SP の値を 1 増加させるクロックサイクル Dec-Ret0 と，SDR のデータをプログラムレジスタ PR に転送するクロックサイクル Ret1 からなる．それぞれのクロックサイクルで生成される制御信号は以下のとおりである．

```
           bA  bB      A/S_op   F   bC         Mem
           IAa BPAbSD  cs123aLR Fcn GiPAmDdSsD srw
Dec-Ret0:  000 000010  10111000 000 0000000111 110; if RET = 1
                                                     then {SDR ← mem(SP),
                                                           SP ← SP+1}
    Ret1:  000 000001  00010000 000 0010000000 000; PR ← SDR
```

クロックサイクル Dec-Ret0 の実効アドレス計算は，命令デコーダの出力信号 *RET* の立ち上がりに同期してはじまる．その制御信号とデータの流れは，前述の POP 命令のクロックサイクル Dec-Pop0 と同様である．これに続くクロックサイクル Ret1 の制御信号とデータの流れも，同 POP 命令のクロックサイクル Pop1 のそれと同様である．ただし，ポップアップでスタックデータレジスタ SDR に取り込まれた値は，汎用レジスタではなくプログラムレジスタ PR に転送されるため，*GRAlatch* 信号ではなく，*PRlatch* 信号をハイレベルにする．

4.4　割り込みとデータ入出力

本節では，割り込みと呼ばれる特別な処理の概要について述べ，さらにその割り込みの一種である SVC 命令によって COMET II のデータ入出力が実現されることを示す．また，入出力装置に対するコンピュータ本体からの命令や接続に関する一般的な仕様・構成についても簡単に解説する．

4.4.1　割　り　込　み

通常のプログラムの処理を一時中断して実行される例外的な処理を，割り込み (interrupt) という．割り込みは，**内部割り込み** (internal interrupt) と**外部割り込み** (external interrupt) に大別される．

内部割り込みは，ユーザプログラムの実行に起因して発生する割り込みである．**割り出し**，または**ソフトウェア割り込み**とも呼ぶ．例えば多くのコンピュータでは，プログラム実行中にオーバフローやゼロによる除算などの**演算命令例外**といわれる事象が発生したとき，内部割り込みがプログラムの実行を中断して，それらの事象の発生をユーザに通知する．あるいは，定義されていない命令コードの使用 (**不正命令違反**) や，許可されていないメモリ領域へのアクセス (**メモリ保護違反**) などが検出されたときも同様に内部割り込みが発生する．また，ユーザプログラムからデータ入出力などの処理を，OS へ依頼する動作も典型的な内部割り込みである．これは，**スーパバイザコール** (supervisor call) 命令，または略して **SVC** 命令と呼ばれる機械語命令をプロセッサが実行する

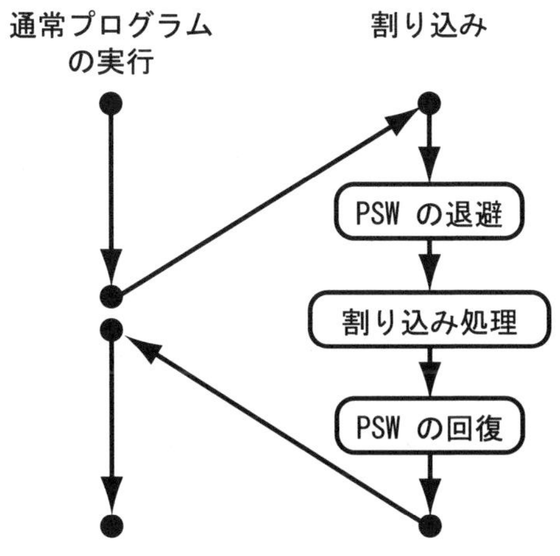

図 **4.29**　割り込みの実行制御

ことで発生する．すなわち SVC 命令は，データ入出力などのためにユーザプログラムが明示的に発生させる割り込みである．

一方，外部割り込みは，ユーザプログラムの実行とは無関係に発生する割り込みである．ハードウェア割り込みとも呼ぶ．例えば，ハードウェア障害やメモリ読み出しエラーなどが検出されたとき，**マシンチェック割り込み**といわれる外部割り込みが発生して，それらの不具合に対する診断と回復処理を行なう．また，入出力装置からデータ入出力に関する何らかのメッセージがプロセッサに送信されたときにも，外部割り込みが発生する．例えば，後述（4.4.3 項）のように，プログラムの実行とは非同期にメモリ・入出力装置間でデータ転送が行なわれるとき，転送の終了を報せるためのメッセージをプロセッサが受け取ることで生じる処理の中断などがそれである．これは**入出力割り込み**と呼ばれる．

割り込みが発生したとき，実行中のプログラムの一貫性および継続性を保証するための前後処理が実行される．それは，割り込み処理前に行なわれる **PSW**(program status word) **の退避**と，割り込み処理後の同 **PSW の回復**である．PSW は，プログラムレジスタの値や汎用レジスタの値などのプロセッサ状態，ユーザプログラムが使用しているメモリ内容などの情報をいう．図 4.29 は，割り込み処理の実行制御を表している．内部割り込みでは，PWS の退避と回復をソフトウェアレベルで行なう．ユーザプログラム自体が処理の制御をいったん他の処理へ移すという点で，内部割り込みはサブルーチンに類似している．一方，外部割り込みではハードウェアレベルで PWS の退避と回復を実現する．障害などを要因とする外部割り込みでは，プログラム処理の継続が不可能な場合もある．

4.4.2 SVC 命令によるデータ入出力

COMET II のデータ入出力は，SVC 命令による内部割り込みによって，OS に入出力手続きを依頼する形で実現される．SVC 命令の書式は

```
SVC   adr[,x]
```

である．実効アドレス値 adr[,x] に対応して入出力の機能が割り当てられる．ここでは，SVC 1 ならばデータ入力を，SVC 2 ならばデータ出力をそれぞれ OS に依頼するものとしよう．この機能割り当てに対して，データの入出力操作を考える．

COMET II のデータ入力および出力には，アセンブリ言語 CASL II のマクロ命令 **IN** および **OUT** を用いる（2.3.4 項参照）．いま，データの出力を例に取れば，出力すべきデータを格納したメモリ領域のラベルを REGION，出力文字長の格納領域に対応するラベルを LENGTH として，文字データを出力するマクロ命令

```
OUT   REGION,LENGTH
```

は以下のような COMET II の機械語命令列に展開される．

```
PUSH      0,GR1
PUSH      0,GR2
LAD       GR1,REGION
LAD       GR2,LENGTH
SVC       2
POP       GR2
POP       GR1
```

まず，現在の汎用レジスタ GR1, GR2 の内容が PUSH 命令によってスタック

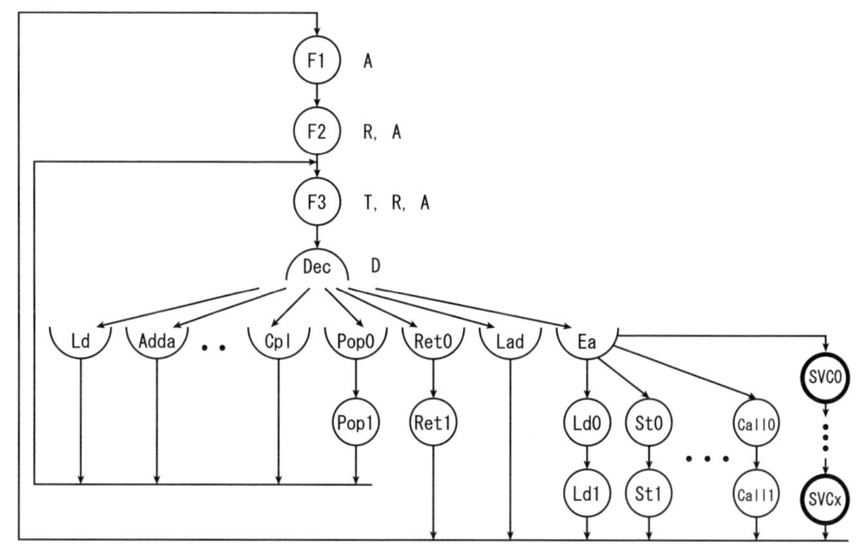

図 **4.30** SVC 命令を含めた実行制御を表す状態図

へ積まれる．前項の PSW の退避に相当する．つぎに REGION と LENGTH の内容をそれぞれ GR1 と GR2 に格納してから，SVC 命令で制御を OS に移して出力装置へのデータ転送を依頼する．データ転送が終了して制御が OS から戻ったとき，POP 命令によってスタックから値を取り出して，GR1 と GR2 の値を出力操作以前の状態に回復させる．これは前項の PSW の回復に相当する．

図 4.30 に SVC 命令を含めた COMET II の実行制御を表す状態図を示す．SVC 命令の実行ステップは SVC0 から SVCx であり，クロック数は，データ量や次項で述べるデータ転送方式に依存して決まる．

4.4.3 入出力アーキテクチャ

通常，データの入出力に関する命令や入出力装置の構成・仕様を，入出力アーキテクチャと呼ぶ．現在の入出力アーキテクチャは極めて多様である．コンピュータシステムの規模やプロセッサの種類によって，それぞれ異なる入出力アーキテクチャが採用されている．ここでは，比較的重要な以下の二つの視点から入出力アーキテクチャについて触れておく．一つはプロセッサが入出力装置を制御するために実行する命令の実装に関する視点であり，もう一つは，コンピュータ本体と入出力装置のあいだのデータ転送制御に関する視点である．

プロセッサの命令実装の視点から，入出力アーキテクチャは，**入出力専用命令による入出力** (I/O mapped I/O) と**メモリマップド入出力** (memory mapped I/O) とに大別される．入出力専用命令による入出力では，プロセッサは，個別の入出力装置を対象とした専用命令を実装する．そのため，プロセッサの命令セットアーキテクチャの設計段階から各入出力装置の仕様に合わせた機械語命令を決定する必要がある．**メインフレーム** (mainframe) または**汎用機**と呼ばれる大型コンピュータなどで多く採用されてきた．

メモリマップド入出力では，アドレス空間の一部を入出力装置に割り当て，ロード命令やストア命令などのメモリを対象とした入出力機械語命令によってデータ入出力を実現する．例えば，メモリアドレス #F000 番地にディスプレイが割り当てられているとすると，プロセッサが #F000 番地へデータを書き出すことでディスプレイにデータを表示させることができる．メモリマップド入出力は，付加するハードウェア量が少なく，様々な入出力装置へ対応するための拡張性に優れており，現在のワークステーションやパーソナルコンピュータなどの小型のコンピュータのほとんどで採用されている．

一方で，データ転送制御の視点から，入出力アーキテクチャは**プログラム制御入出力** (programmed I/O) と **DMA** (direct memory access) に大別される．プログラム制御入出力では，プロセッサからの入出力命令でプロセッサ・入出力装置間，またはメモリ・入出力装置間のデータ転送が直接制御される．図 4.31(a) にプログラム制御入出力の概念図を示す．この入出力方式は，プロセッサの命令に同期してデータの入出力動作が発生するため，プロセッサの性能に与える影響が大きい．そのため比較的少量のデータ転送に向いている．

これに対して DMA は，入出力コントローラと呼ばれるハードウェアモジュールに，プロセッサがデータ転送制御を依頼する．図 4.31(b) に DMA の概念図を示す．例えば，メモリと入出力装置間のデータ転送を開始するように，プロセッサが入出力コントローラに起動命令を発行し，それを受けた入出力コントローラの制御下で，メモリ・入出力装置間のデータ転送が実行される．そのあいだ，プロセッサはデータ転送とは非同期に処理を継続することができる．

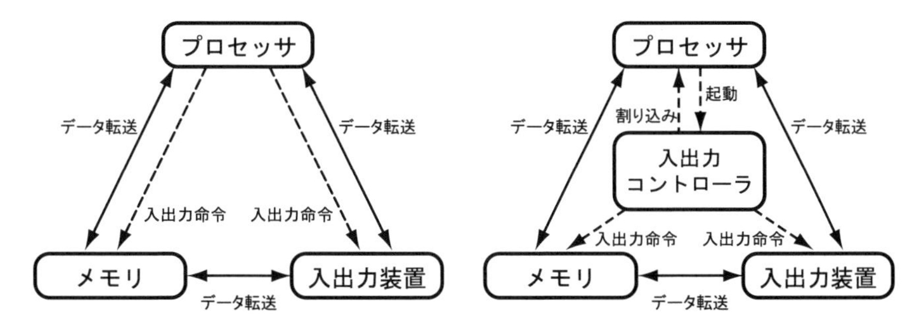

図 4.31 データ転送制御の視点から見た入出力アーキテクチャの分類

データ転送が終了したとき，入出力コントローラは入出力割り込みでプロセッサにそれを報せる．DMA は大量の連続的なデータの転送に向いている．

なお，メモリと補助記憶装置のあいだにおけるデータ転送の発生頻度は，プロセッサから見たメモリのサイズを大きくする**仮想記憶** (virtual memory) の方式に依存する．詳しくは文献[1,4,27,28] などのメモリアーキテクチャの部分を参照されたい．

演 習 問 題

(1) レジスタ間命令 XOR をデコードする命令デコーダを設計せよ．

(2) 図 4.9 のバス B に接続するレジスタを選択するマルチプレクサを考える．ただし，すべての制御信号がローレベルのとき，マルチプレクサの出力がローレベルになるものとする．

  (a) 真理値表を書け．制御信号は，$GRBout$, $PRout$, $MARout$, $MDRout_b$, $SPout$, $STRout$ とする．

  (b) NAND ゲートを用いてマルチプレクサを設計せよ．

(3) レジスタ間命令

```
ADDL  r1,r2
```

の実行ステップのタイムチャートを示せ．

(4) 以下の論理演算命令のマイクロ操作と制御信号を示せ．

  (a) `SUBA r1,r2`

  (b) `OR r1,r2`

  (c) `CPA r1,r2`

(5) CISC(Complex Instruction Set Computer) および RISC(Reduced Instruction Set Computer) と呼ばれるプロセッサについて調べよ．

(6) 図 4.15 のパイプライン処理における命令フェッチのタイムチャートを書け.

(7) 図 4.16 で表される 4 段パイプライン処理を可能とするには，本書のマイクロアーキテクチャをどのように改めればよいか検討せよ.

(8) 図 4.21 の実効アドレス計算を実行するときのタイムチャートを示せ.

(9) メモリ・レジスタ間命令

```
CPA  r,adr,x
```

の実行ステップのタイムチャートを示せ.

(10) リターン命令 RET の実行ステップの制御信号とタイムチャートを示せ.

(11) 自分の身のまわりにあるコンピュータがどのような入出力アーキテクチャを採用しているか調べてみよ.

(12) 3.5.3 項のメモリモデルをもとに VHDL でメモリを記述し，それと本節で示した COMET II の VHDL 記述とを統合せよ.

(13) パイプライン処理を伴ってレジスタ間命令を実装する COMET II を VHDL によって記述してみよ.

(14) いくつかのメモリ・レジスタ間命令を実装する COMET II を VHDL によって記述してみよ.

演習問題：ヒントと略解

第 2 章

(1) (a) #401B, 16411 (b) 0000 1000 0001 1010, 2074 (c) 0000 0000 0001 0010, #0012 (d) 0000 0000 1110 1011, #FFEB

(2)
```
LAD GR0,0
LAD GR1,1
LAD GR2,-1 (LAD GR2,#FFFF)
```

(3)
```
LD GR0,#100
ST GR0,#101
ST GR0,#102
```

(4) LD GR0,0,GR1 を実行．または ST GR0,WORK のあとに LD GR1,WORK を実行．

(5) (a) 前者では，GR1 の値から 1 減算した値が GR1 へ格納され，後者では GR1 の値から 1 減算した値のアドレスの内容が GR1 から減算される．(b) 前者では，GR0 の内容が更新されるが，後者では減算結果がフラグレジスタに反映されるだけで GR0 の内容は変更されない．

(6)
```
POWER   START
        LAD     GR7,0       ;0 乗チェック用レジスタに 0
        CPA     GR7,N       ;GR7 と N の比較
        JZE     QUIT0       ;0 乗なら結果は 1 で終了
        LD      GR0,A       ; 値を累積する変数 GR0 の設定
        LD      GR1,GR0     ; 底の値の一時置き GR1 の設定
        LAD     GR2,1       ; べきのカウンタ GR2 の設定
LOOP2   CPA     GR2,N       ;GR2 と N の比較
        JZE     QUIT2       ; べきカウンタが N なら終了
        LAD     GR3,1       ; 累積回数 GR3 を 1 に設定
LOOP1   CPA     GR3,A       ;GR3 と A の比較
        JZE     QUIT1       ; 累積回数が A なら底の更新
        ADDA    GR0,GR1     ; 累積更新
        LAD     GR3,1,GR3   ;GR3 をインクリメント
        JUMP    LOOP1       ;LOOP1 へジャンプ
QUIT1   LD      GR1,GR0     ; 底の値を現在の GR0 で更新
```

```
          LAD     GR2,1,GR2       ;GR2 をインクリメント
          JUMP    LOOP2           ;LOOP2 へジャンプ
QUIT0     LAD     GR0,1           ;GR0 に 0 を代入
QUIT2     RET
A         DC      3
N         DC      4
          END
```

(7) 例えば，入力領域を AREA, 入力文字長領域を LEN として IN 命令を使う．

(8) ソースプログラム　　　　　　　　　　オブジェクトプログラム

```
MINUS     START
          LD      GR1,WORK        | #1000:#1010 #1005
          LAD     GR0,-1,GR1      | #1002:#1201 #FFFF
          RET                     | #1004:#8100
WORK      DC      1000            | #1005:#1000
          END
```

(9) ソースプログラム　　　　　　　　　　オブジェクトプログラム

```
COMPL     START
          LAD     GR0,#FFFF       | #1000: #1200 #FFFF
          LD      GR1,A           | #1002: #1010 #100A
          XOR     GR1,GR0         | #1004: #3610
          LAD     GR1,1,GR1       | #1005: #1211 #0001
          ST      GR1,B           | #1007: #1110 #100B
          RET                     | #1009: #8100
A         DC      5               | #100A: #0005
B         DS      1               | #100B: #0000
          END
```

(10) ソースプログラム　　　　　　　　　　オブジェクトプログラム

```
ARRAY     START
          LAD     GR1, 0          | #1000: #1210 #0000
LOOP      LD      GR0, A, GR1     | #1002: #1001 #100F
          ADDA    GR0, B, GR1     | #1004: #2001 #1012
          ST      GR0, C, GR1     | #1006: #1101 #1015
          LAD     GR1, 1, GR1     | #1008: #1211 #0001
          CPA     GR1, C3         | #100A: #4010 #1018
          JMI     LOOP            | #100C: #6100 #1002
          RET                     | #100E: #8100
A         DC      3               | #100F: #0003
          DC      7               | #1010: #0007
          DC      5               | #1011: #0005
B         DC      9               | #1012: #0009
          DC      4               | #1013: #0004
          DC      1               | #1014: #0001
```

```
C          DS        3                 | #1015: #0000 #0000 #0000
C3         DC        3                 | #1018: #0003
           END                         |
```

(12) SLA GR1,2 では (GR1) = $(1111\ 1111\ 1110\ 1000)_2 = (-24)_{10}$ となり，フラグレジスタは (OF SF ZF) = (1 1 0) となる．また，SRL GR1,3 では (GR1) = $(0001\ 1111\ 1111\ 1111)_2 = (8191)_{10}$ となり，フラグレジスタは (OF SF ZF) = (0 0 0) となる．

(13)
```
EXMPL      START
           LAD       GR0,1
           LAD       GR1,0
LOOP       ADDA      GR1,A
           SLL       GR0,1
           JOV       QUIT
           JUMP      LOOP
QUIT       ST        GR1,B
           RET
A          DC        3
B          DS        1
           END
```

(14)
```
DIV_RPT    START
           LAD       GR7,0
LOOP1      CALL      DVSN
           ST        GR1,DIV,GR7
           ST        GR2,MOD,GR7
           LAD       GR7,1,GR7
           CPA       GR7,NUM
           JZE       QUIT1
           JUMP      LOOP1
QUIT1      RET
A          DC        5,11,100,1000,20000
B          DC        2,3,7,33,100
NUM        DC        5
DIV        DS        5
MOD        DS        5
           END
DVSN       START
           LAD       GR1,0
           LD        GR2,A,GR7
           LD        GR3,B,GR7
LOOP2      CPA       GR2,GR3
           JMI       QUIT2
           SUBA      GR2,GR3
```

```
            LAD         GR1,1,GR1
            JUMP        LOOP2
QUIT2       RET
            END
```

第　3　章

(1) クロック信号がローレベルのとき，立ち上がりのとき，ハイレベルのときのそれぞれにおいて入出力信号の変化を示す．

(2) つぎの図のとおり．

(3) つぎの図のとおり．

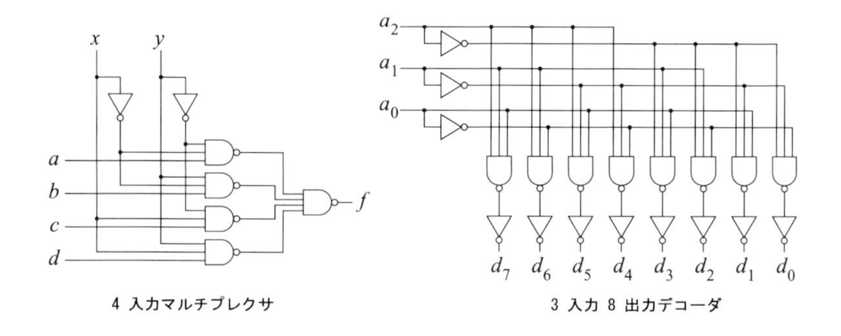

4 入力マルチプレクサ　　　　3 入力 8 出力デコーダ

(4)

$$f = a\bar{b}\overline{c_{in}} \vee \bar{a}b\overline{c_{in}} \vee \bar{a}\bar{b}c_{in} \vee abc_{in} = (a\bar{b} \vee \bar{a}b)\overline{c_{in}} \vee (\bar{a}\bar{b} \vee ab)c_{in}$$
$$= (a\bar{b} \vee \bar{a}b)\overline{c_{in}} \vee (\overline{\overline{\bar{a}\bar{b}} \cdot \overline{ab}})c_{in} = (a\bar{b} \vee \bar{a}b)\overline{c_{in}} \vee (\overline{a\bar{b} \vee \bar{a}b})c_{in}$$
$$= a \oplus b \oplus c.$$

べき等則を用いて

$$c_{out} = ab\overline{c_{in}} \vee a\bar{b}c_{in} \vee \bar{a}bc_{in} \vee abc_{in}$$
$$= ab\overline{c_{in}} \vee a\bar{b}c_{in} \vee \bar{a}bc_{in} \vee abc_{in} \vee abc_{in} \vee abc_{in}$$
$$= (ab\overline{c_{in}} \vee abc_{in}) \vee (a\bar{b}c_{in} \vee abc_{in}) \vee (\bar{a}bc_{in} \vee abc_{in})$$
$$= ab \vee ac_{in} \vee bc_{in} = ab \vee bc_{in} \vee c_{in}a.$$

(5)

$$c_1 = a_0b_0 \vee b_0c_0 \vee c_0a_0 = a_0b_0 \vee (a_0 \vee b_0)c_0 = \overline{\overline{a_0b_0}\ \overline{(a_0 \vee b_0)c_0}}$$
$$= \overline{\overline{a_0b_0}\ (\overline{a_0 \vee b_0} \vee \overline{c_0})} = \overline{\overline{a_0b_0}\ \overline{a_0 \vee b_0} \vee \overline{a_0b_0}\ \overline{c_0}}$$
$$= \overline{\overline{a_0 \vee b_0} \vee \overline{a_0b_0}\ \overline{c_0}}.$$

$$
\begin{aligned}
c_2 &= a_1 b_1 \vee b_1 c_1 \vee c_1 a_1 = \overline{\overline{a_1 \vee b_1} \vee \overline{a_1 b_1}\ \overline{c_1}} \\
&= \overline{\overline{a_1 \vee b_1} \vee \overline{a_1 b_1}\ (\overline{a_0 \vee b_0} \vee \overline{a_0 b_0}\ \overline{c_0})} \\
&= \overline{\overline{a_1 \vee b_1} \vee \overline{a_1 b_1}\ \overline{a_0 \vee b_0} \vee \overline{a_1 b_1}\ \overline{a_0 b_0}\ \overline{c_0}}.
\end{aligned}
$$

$$
\begin{aligned}
c_3 &= a_2 b_2 \vee b_2 c_2 \vee c_2 a_2 = \overline{\overline{a_2 \vee b_2} \vee \overline{a_2 b_2}\ \overline{c_2}} \\
&= \overline{\overline{a_2 \vee b_2} \vee \overline{a_2 b_2}\ (\overline{a_1 \vee b_1} \vee \overline{a_1 b_1}\ \overline{a_0 \vee b_0} \vee \overline{a_1 b_1}\ \overline{a_0 b_0}\ \overline{c_0})} \\
&= \overline{\overline{a_2 \vee b_2} \vee \overline{a_2 b_2}\ \overline{a_1 \vee b_1} \vee \overline{a_2 b_2}\ \overline{a_1 b_1}\ \overline{a_0 \vee b_0} \vee \overline{a_2 b_2}\ \overline{a_1 b_1}\ \overline{a_0 b_0}\ \overline{c_0}}.
\end{aligned}
$$

$$
\begin{aligned}
c_4 &= a_3 b_3 \vee b_3 c_3 \vee c_3 a_3 = \overline{\overline{a_3 \vee b_3} \vee \overline{a_3 b_3}\ \overline{c_3}} \\
&= \overline{\overline{a_3 \vee b_3} \vee \overline{a_3 b_3}\ (\overline{a_2 \vee b_2} \vee \overline{a_2 b_2}\ \overline{a_1 \vee b_1}} \\
&\qquad \overline{\vee \overline{a_2 b_2}\ \overline{a_1 b_1}\ \overline{a_0 \vee b_0} \vee \overline{a_2 b_2}\ \overline{a_1 b_1}\ \overline{a_0 b_0}\ \overline{c_0})} \\
&= \overline{\overline{a_3 \vee b_3} \vee \overline{a_3 b_3}\ \overline{a_2 \vee b_2} \vee \overline{a_3 b_3}\ \overline{a_2 b_2}\ \overline{a_1 \vee b_1}} \\
&\qquad \overline{\vee \overline{a_3 b_3}\ \overline{a_2 b_2}\ \overline{a_1 b_1}\ \overline{a_0 \vee b_0} \vee \overline{a_3 b_3}\ \overline{a_2 b_2}\ \overline{a_1 b_1}\ \overline{a_0 b_0}\ \overline{c_0}}.
\end{aligned}
$$

(6) $a_3 = a_2 = a_1 = a_0 = 1$ の場合の演算結果は以下の左表のとおり．また $b_3 = b_2 = b_1 = b_0 = 1$ の場合の演算結果は以下の右表のとおり．

s_0	c_0	F
0	0	$B-1$
0	1	B
1	0	$-B-2$
1	1	$-B-1$

s_0	c_0	F
0	0	$A-1$
0	1	A
1	0	A
1	1	$A+1$

(7) 最下位ビットにおいて $b_0 = 0, c_0 = 1$ の場合の f_0, c_1 を示し，2 ビット目以上において $b_i = 0$ の場合の f_i, c_{i+1} を示す．

(8) 16 桁のデータの最上位ビットの上に仮想の符号ビットがあるものと考えて，17 ビットの符号つき 2 進数の減算として計算するとき，その仮想の符号ビットを記憶しておく必要がないことを確かめればよい．

(9) 例えば文献[3, 4] などを参照．

(10) $A < 0, B < 0$ ならば，それぞれの最上位ビット a_{n-1}, b_{n-1} は 1 である．このとき $A + B$ は

$$
\begin{array}{rcccccc}
 & 1 & a_{n-2} & a_{n-3} & \cdots & a_1 & a_0 \\
 & 1 & b_{n-2} & b_{n-3} & \cdots & b_1 & b_0 \\
+\ )\quad 1 \Leftarrow & c_{n-1} \Leftarrow & c_{n-2} \Leftarrow & c_{n-3} \Leftarrow & \cdots & c_1 \Leftarrow & 0 \Leftarrow \\
\hline
 & f_{n-1} & f_{n-2} & f_{n-3} & \cdots & f_1 & f_0
\end{array}
$$

と表せることから確かめられる．

(11) 10 と同様にして確かめられる．

(12) 10 と同様にして確かめられる．

(13) (a) 演算 $10 + 59$ は 2 の補数表現では

$$
\begin{array}{rcccccccc}
 & 0 & 0 & 0 & 0 & 1 & 0 & 1 & 0 \\
 & 0 & 0 & 1 & 1 & 1 & 0 & 1 & 1 \\
+\ )\quad 0 \Leftarrow & 0 \Leftarrow & 1 \Leftarrow & 1 \Leftarrow & 1 \Leftarrow & 0 \Leftarrow & 1 \Leftarrow & 0 \Leftarrow & 0 \Leftarrow \\
\hline
 & 0 & 1 & 0 & 0 & 0 & 1 & 0 & 1
\end{array}
$$

と表せる．N, Z, V, C の値は，$N = f_7 = 0$, $Z = \overline{f_7 \vee f_6 \vee f_5 \vee f_4 \vee f_3 \vee f_2 \vee f_1 \vee f_0} =$

0, $V = c_8 \oplus c_7 = 0$,　$C = c_8 = 0$ となる.
(b) $(N, Z, V, C) = (1, 0, 1, 0)$. (c) $(N, Z, V, C) = (1, 0, 0, 1)$. (d) $(N, Z, V, C) = (1, 0, 1, 0)$.

(14) 3.5.4 項参照.

(15) 例えば，パソコンで動作する論理シミュレータの評価版をダウンロードして使用してみよ.

第　4　章

(1) つぎの図を参照.

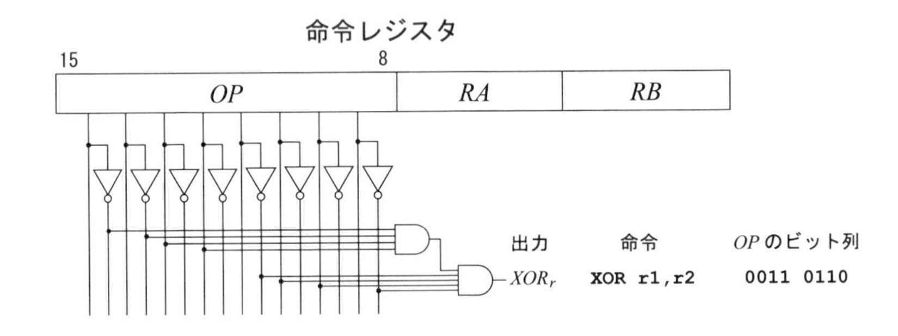

(2) (a) つぎの表のとおり. (b) 略.

$GRBout$	$PRout$	$MARout$	$MDRout_b$	$SPout$	$STRout$	出力
1	0	0	0	0	0	$GRBout$
0	1	0	0	0	0	$PRout$
0	0	1	0	0	0	$MARout$
0	0	0	1	0	0	$MDRout_b$
0	0	0	0	1	0	$SPout$
0	0	0	0	0	1	$STRout$
0	0	0	0	0	0	0

(3) 4.1.4 項を参照.

(4) 4.1.4 項を参照.

(5) 例えば文献[1)7)] などを参照.

(6) 図 4.6 のチャートを図 4.15 の制御信号情報で更新する.

(7) メモリデータレジスタから命令レジスタへの専用バスを設けるなど.

(8) 図 4.11 等のチャートを参考にして，命令デコードから実効アドレス計算に移るための制御信号のタイミングを考える.

(9) 図 4.23 の LD 命令と ST 命令のチャートを参考にする.

(10) POP 命令の実行ステップの制御信号とタイムチャートを参考にする.

(11) 略.

(12) メモリ動作のタイミングに注意する.

(13) 図 4.12 の制御信号生成回路を図 4.14 の状態図にあわせて変更する.
(14) 図 4.19 の制御信号生成回路をもとにコーディングする.

文　　献

1) D. A. Patterson, J. L. Hennessy 著, 成田光彰訳, コンピュータの構成と設計 第 5 版, 日経 BP 社, 2014.
2) 齊藤忠雄, 大森健児, 現代 計算機アーキテクチャ, オーム社, 1994.
3) 富田眞治, コンピュータアーキテクチャ 第 2 版, 丸善, 2000.
4) 柴山 潔, コンピュータアーキテクチャの基礎 改訂新版, 近代科学社, 2003.
5) 中澤喜三郎, 計算機アーキテクチャと構成方式, 朝倉書店, 1995.
6) Thomas C. Bartee 著, 石田晴久他訳, コンピュータアーキテクチャと論理設計 I ・ II , 丸善, 1996.
7) 天野英晴, 西村克信, 作りながら学ぶコンピュータアーキテクチャ 改訂版, 培風館, 2011.
8) 藤原秀雄, コンピュータ設計概論, 工学図書, 1998.
9) 立花 隆, 児玉文雄, 南谷 崇, 橋本毅彦, 安田 浩, 立花 隆ゼミ, 新世紀デジタル講義, 新潮社, 2000.
10) A. V. Aho, M. S. Lam, R. Sethi, J. D. Ullman 著, 原田賢一訳, コンパイラ：原理・技法・ツール 第 2 版, サイエンス社, 2009.
11) 濱口智尋, 谷口研二監修, 島 亨, 有門経敏著, 集積回路工学概論, 大阪大学出版会, 2002.
12) 半導体産業新聞編集部, 図解 半導体業界ハンドブック 第 2 版, 東洋経済新報社, 2008.
13) 坂巻佳壽美, はじめての VHDL, 東京電機大学出版局, 2011.
14) Mark Zwolinski 著, ハラパン・メディアテック 宇野みれ訳, ハラパン・メディアテック 宇野俊夫監修, VHDL デジタル回路設計 標準講座, 翔泳社, 2007.
15) 鈴木八十二, 集積回路シミュレーション工学入門, 日刊工業新聞社, 2005.
16) 長谷川裕恭, VHDL によるハードウェア設計入門 改訂版, CQ 出版, 2004.
17) 茨木俊秀, 情報系のための離散数学, 昭晃堂, 2004.
18) 白鳥則郎, 木下哲男, 杉浦茂樹, システムソフトウェアの基礎, 昭晃堂, 2001.
19) 松原 敦, 最新パソコン OS 技法 増補改訂版, 日経 BP 社, 1999.
20) Donald E. Knuth 著, 有澤 誠他訳, The Art of Computer Programming 日本語版, アスキー, 2004.
21) 笹尾 勤, 論理設計：スイッチング回路理論 第 4 版, 近代科学社, 2005.
22) 浅川 毅, 論理回路の設計, コロナ社, 2007.
23) 城 和貴, コンピュータアーキテクチャ入門, サイエンス社, 2014.
24) 北村俊明, コンピュータアーキテクチャの基礎, サイエンス社, 2010.
25) 中條拓伯, 大島浩太, 実践によるコンピュータアーキテクチャ, 数理工学社, 2014.
26) 角山正博, 佐藤栄一, コンピュータの基礎, 青山社, 2013.
27) 堀桂太郎, 図解コンピュータアーキテクチャ入門 第 2 版, 森北出版, 2011.
28) 丸岡 章, コンピュータアーキテクチャ, 朝倉書店, 2012.

関係 Web サイト

- 情報処理推進機構 (IPA) が実施する国家試験 情報処理技術者試験センターのサイト：

  http://www.jitec.jp/

  COMET II，CASL II の仕様書や CASL II エミュレータをダウンロードすることができる．

- 本書のサポートサイト：

  http://www.asakura.co.jp/books/isbn/978-4-254-12209-1/

  本書をテキストとして使用する場合の授業計画案や，講義用スライド（パワーポイントファイル），VHDL ソースコードなどをダウンロードすることができる．論理回路シミュレータ（無償版）を入手可能なツールベンダ関連サイトなどの情報も示されている．

A 付　　　録

A.1 負の整数の表現

2 進数における負の整数のおもな表現法としては，“符号と絶対値表現，” “1 の補数 (one's complement) 表現，” “2 の補数 (two's complement) 表現” の三つが挙げられる．“符号と絶対値表現” では，最上位 ビットを符号ビットとして正か負かを表す．正の整数を符号ビットが 0 の 2 進数で表し，負の整数を符号ビットが 1 の 2 進数で表す．符号ビット以外のビットが表す数は正負共通である．ただし，‘0’ については，符号ビットが 0 の ‘0’ と，符号ビットが 1 の ‘0’ の二つがある．“1 の補数表現” では，正の整数の 2 進数表現をビットごとに反転したものを負の整数の表現として用いる．1 の補数表現でも，正の整数は符号ビットが 0 の 2 進数で表され，負の整数は符号ビットが 1 の 2 進数で表される．また，‘0’ には，すべてのビットが 0 で表される ‘0’ と，すべてのビットが 1 で表される ‘0’ の二つがある．“2 の補数表現” では，正の整数の 2 進表現をビットごとに反転したものに 1 を加え，これを負数の表現として用いる．最上位ビットが 0 のとき非負の整数を，1 のとき負の整数を表す．2 の補数表現での ‘0’ は，すべてのビットが 0 で表される ‘0’ だけである．三つの表現のうち 2 の補数表現が最も広く使用されている．以下，2 の補数表現について説明する．

整数を n ビットの 2 進数で表すものとする．2 の補数表現では，非負整数 A は最上位ビット a_{n-1} が 0 であり，

$$A = a_{n-2} \cdot 2^{n-2} + a_{n-3} \cdot 2^{n-3} + \cdots + a_0 \cdot 2^0 \tag{A.1}$$

と表される．2^{n-1} 個の異なる表現が存在する．非負整数 A に対応する負の整数 $-A$ は，式 (A.1) をビットごとに反転したものに 1 を加えることにより，

$$-A = 2^{n-1} + \overline{a_{n-2}} \cdot 2^{n-2} + \overline{a_{n-3}} \cdot 2^{n-3} + \cdots + \overline{a_0} \cdot 2^0 + 1 \tag{A.2}$$

と表される．ただし，$\overline{a_i} \equiv 1 - a_i$ $(0 \leq i \leq n-2)$ である．$-A$ の最上位ビット a_{n-1}

は 1 となる．2^{n-1} 個の非負整数 A に対して，それぞれ 1 対 1 に対応する $-A$ の表現が存在する．0 には 0 が対応する．負の数 $100\cdots0$ に対応する正整数は存在しない．負の数 $100\cdots0$ は，-2^{n-1} を表すものとする．

2 の補数表現においては，正負零にかかわらず，ビットごとに反転し 1 を加算することによって逆符号の表現が得られる．16 ビットの整数を 2 の補数表現で表したときの例を表 A.1 に示す．たとえば，10 進数 100 を 16 ビットの 2 進数で表すと，$(100)_{10} = (0000\ 0000\ 0110\ 0100)_2$ である．-100 の 2 の補数表現は，ビットごとに反転させ 1 を加算して，$(-100)_{10} = (1111\ 1111\ 1001\ 1100)_2$ となる．-100 の 2 の補数表現をビットごとに反転させ 1 を加算すると 100 の 2 の補数表現が得られる．

2 の補数表現における減算は，被減数に，減数のビットごとの反転および 1 を "加算" することによって実行される．減数および被減数の符号や絶対値の大きさに関係しない．2 の補数の減算回路は，全加算器，ビットごとに反転させる XOR ゲートおよび最下位ビットへの桁上げ入力 (1 を加算) から構成される．

表 A.1 8 ビットの整数の 2 の補数表現

10 進数	16 ビットの 2 の補数表現
32767	0111 1111 1111 1111
32766	0111 1111 1111 1110
⋮	⋮
100	0000 0000 0110 0100
⋮	⋮
1	0000 0000 0000 0001
0	0000 0000 0000 0000
−1	1111 1111 1111 1111
−2	1111 1111 1111 1110
⋮	⋮
−100	1111 1111 1001 1100
⋮	⋮
−32767	1000 0000 0000 0001
−32768	1000 0000 0000 0000

A. 2　JIS X 0201 情報交換用符号

日本工業規格が制定した文字コード規格 X 0201（7 ビットおよび 8 ビットの情報交換用符号化文字集合）を表 A.2 に示す．ASCII (American Standard Code for Information Interchange) で規定する文字コードとほとんど文字の割り付けは同じであるが，#5C にはバックスラッシュ ‘\’ にかえて円記号 ‘¥’ が，#7E にはチルダ ‘~’ にかえてオーバーライン ‘‾’ がそれぞれ割り付けられている．X 0201 を部分的に含んでいる Shift_JIS などの文字コードでは，これらの文字についての区別が曖昧なため注意が必要である．

表 A.2　JIS X 0201 左側（ローマ字部分）

		列							
		0	1	2	3	4	5	6	7
	0	NUL	DLE	(SP)	0	@	P	‘	p
	1	SOH	DC1	!	1	A	Q	a	q
	2	STX	DC2	”	2	B	R	b	r
	3	ETX	DC3	#	3	C	S	c	s
	4	EOT	DC4	$	4	D	T	d	t
	5	ENQ	NAK	%	5	E	U	e	u
	6	ACK	SYN	&	6	F	V	f	v
行	7	BEL	ETB	’	7	G	W	g	w
	8	BS	CAN	(	8	H	X	h	x
	9	HT	EM	)	9	I	Y	i	y
	A	LF	SUB	*	:	J	Z	j	z
	B	VT	ESC	+	;	K	[	k	{
	C	FF	FS	,	<	L	¥	l	|
	D	CR	GS	-	=	M	]	m	}
	E	SO	RS	.	>	N	^	n	‾
	F	SI	US	/	?	O	_	o	DEL

A.3 VHDL記述例

A.3.1 命令フェッチと実行ステップに関する制御信号出力への接続回路

<リスト：制御信号出力への接続回路（レジスタ間 LD, CPL 命令のみ；パイプラインなし）>

```
entity ctl_sig_reg_to_reg is
  port(f1,f2,f3,ld,cpl : in  std_logic;
       IRlat,GRAout,MDRout_a,GRBout,PRout,MARout,MDRout_b,SPout,STRout,
       c_0,s_0,s_1,s_2,s_3,s_ari,s_L,s_R,Flat,s_cmp,s_nov,GRAlat,s_inc,
       PRlat,MARlat,s_mdi,MDRlat,s_dcr,SPlat,s_sdi,STRlat,
       s_stk,read,write : out std_logic);
end ctl_sig_reg_to_reg;

architecture BEHAVIOR of ctl_sig_reg_to_reg is
begin
-------------------- bA （バス A フィールドに関する記述）
process(f3) begin   -- IRlatch 信号出力への接続に関する記述
  if( f3='1')then
    IRlat <='1';
  else
    IRlat <='0';
  end if;
end process;

process(cpl) begin   -- GRAout 信号出力への接続に関する記述
  if( cpl='1')then
    GRAout <='1';
  else
    GRAout <='0';
  end if;
end process;

process(f3) begin   -- MDRout 信号出力への接続に関する記述
  if( f3='1')then
    MDRout_a <='1';
  else
    MDRout_a <='0';
  end if;
end process;
```

```
------------------- bB (バス B フィールドに関する記述)
process(ld,cpl) begin   -- GRBout 信号出力への接続に関する記述
  if( ld='1' or cpl='1')then
    GRBout <='1';
  else
    GRBout <='0';
  end if;
end process;

process(f1) begin   -- PRout 信号出力への接続に関する記述
  if( f1='1')then
    PRout <='1';
  else
    PRout <='0';
  end if;
end process;
                    -- その他の信号出力への接続に関する記述
    MARout <='0';
    MDRout_b <='0';
    SPout <='0';
    SDRout <='0';
-------------------- A/S_op (ALU/SHIFT_op フィールドに関する記述)
process(cpl) begin   -- c_0 信号出力への接続に関する記述
  if( cpl='1')then
    c_0 <='1';
  else
    c_0 <='0';
  end if;
end process;

process(cpl) begin   -- s_0 信号出力への接続に関する記述
  if( cpl='1')then
    s_0 <='1';
  else
    s_0 <='0';
  end if;
end process;

process(cpl) begin   -- s_1 信号出力への接続に関する記述
  if( cpl='1')then
    s_1 <='1';
  else
```

```
    s_1 <='0';
  end if;
end process;

process(f1,ld,cpl) begin   -- s_2 信号出力への接続に関する記述
  if( f1='1' or ld='1' or cpl='1')then
    s_2 <='1';
  else
    s_2 <='0';
  end if;
end process;

process(cpl) begin   -- s_3 信号出力への接続に関する記述
  if( cpl='1')then
    s_3 <='1';
  else
    s_3 <='0';
  end if;
end process;
                    --  その他の信号出力への接続に関する記述
    s_ari <='0';
    s_L <='0';
    s_R <='0';
-------------------- F  (FLAG フィールドに関する記述)
process(ld,cpl) begin   -- Flatch 信号出力への接続に関する記述
  if( ld='1' or cpl='1')then
    Flat <='1';
  else
    Flat <='0';
  end if;
end process;

process(cpl) begin   -- s_cmp 信号出力への接続に関する記述
  if( cpl='1')then
    s_cmp <='1';
  else
    s_cmp <='0';
  end if;
end process;

process(ld,cpl) begin   -- s_nov 信号出力への接続に関する記述
  if( ld='1' or cpl='1')then
```

```
    s_nov <='1';
  else
    s_nov <='0';
  end if;
end process;
------------------- bC （バス C フィールドに関する記述）
process(ld) begin   -- GRAlatch 信号出力への接続に関する記述
  if( ld='1')then
    GRAlat <='1';
  else
    GRAlat <='0';
  end if;
end process;

process(f1) begin   -- s_inc 信号出力への接続に関する記述
  if( f1='1')then
    s_inc <='1';
  else
    s_inc <='0';
  end if;
end process;

process(f1) begin   -- PRlatch 信号出力への接続に関する記述
  if( f1='1' )then
    PRlat <='1';
  else
    PRlat <='0';
  end if;
end process;

process(f1) begin   -- MARlatch 信号出力への接続に関する記述
  if( f1='1')then
    MARlat <='1';
  else
    MARlat <='0';
  end if;
end process;

process(f2) begin   -- s_mdi 信号出力への接続に関する記述
  if( f2='1')then
    s_mdi <='1';
  else
```

```
    s_mdi <='0';
  end if;
end process;

process(f2) begin   -- MDRlatch 信号出力への接続に関する記述
  if( f2='1')then
    MDRlat <='1';
  else
    MDRlat <='0';
  end if;
end process;
                           --  その他の信号出力への接続に関する記述
    s_dcr <='0';
    SPlat <='0';
    s_sdi <='0';
    SDRlat <='0';
-------------------- Mem （メモリフィールドに関する記述）
    s_stk <='0';    -- s_stk 信号出力への接続に関する記述

process(f2) begin   -- read 信号出力への接続に関する記述
  if( f2='1')then
    read <='1';
  else
    read <='0';
  end if;
end process;

    write <='0';    -- write 信号出力への接続に関する記述
end BEHAVIOR;
```

A.3.2　レジスタ間命令を実装した COMET II

<リスト：COMET II （レジスタ間命令のみ；パイプラインなし）>

```
library ieee;
use ieee.std_logic_1164.all;

entity cpu_core_reg_to_reg is
  port(clk,rst : in  std_logic;
       mem_d_in : in  std_logic_vector(15 downto 0);
       read,write : out std_logic;
       addr,mem_d_out:out std_logic_vector(15 downto 0));
end cpu_core_reg_to_reg;
```

```
architecture BEHAVIOR of cpu_core_reg_to_reg is

  component ctl_reg_to_reg
  port(clk,rst,FLAG_OF,FLAG_SF,FLAG_ZF,LDr,CPL_r : in  std_logic;
       IRlat,GRAout,MDRout_a,GRBout,PRout,MARout,MDRout_b,SPout,SDRout,
       c_0,s_0,s_1,s_2,s_3,s_ari,s_L,s_R,Flat,s_cmp,s_nov,GRAlat,s_inc,
       PRlat,MARlat,s_mdi,MDRlat,s_dcr,SPlat,s_sdi,SDRlat,s_stk,read,
       write : out std_logic);
  end component;

  component reg_16
  port(clk,lat,rst : in  std_logic;
       a : in  std_logic_vector(15 downto 0);
       f : out std_logic_vector(15 downto 0));
  end component;

  component rw_counter_16
  port(lat,clk,rst,s_inc:in  std_logic;
       d : in  std_logic_vector(15 downto 0);
       f : out std_logic_vector(15 downto 0));
  end component;

  component rw_d_counter_16
  port(lat,clk,rst,s_dcr:in  std_logic;
       d : in  std_logic_vector(15 downto 0);
       f : out std_logic_vector(15 downto 0));
  end component;

  component alu
  port(c0,s0,s1,s2,s3:in  std_logic;
       a,b : in  std_logic_vector(15 downto 0);
       c15,c16 : out std_logic;
       f : out std_logic_vector(15 downto 0));
  end component;

  component flag_reg
  port(clk,Flat,s_0,s_ari,s_L,s_R,s_cmp,s_nov,
       C,V,L_out,R_out,N,Z : in  std_logic;
       OF_Q,SF_Q,ZF_Q : out std_logic);
  end component;

  component shifter_16
```

```
  port(s_ari,s_L,s_R : in  std_logic;
       d : in  std_logic_vector(15 downto 0);
       L_out,R_out : out std_logic;
       f : out  std_logic_vector(15 downto 0));
  end component;

  component decoder
  port(r : in  std_logic_vector(3 downto 0);
       GR0_WE,GR1_WE,GR2_WE,GR3_WE,GR4_WE,
       GR5_WE,GR6_WE,GR7_WE : out std_logic);
  end component;

  component op_decoder_reg_to_reg
  port(Op : in  std_logic_vector(7 downto 0);
       LDr,CPL_r : out std_logic);
  end component;

  signal S_C15,S_C16,S_C,S_V,S_L_OUT,S_R_OUT,S_N,S_Z,S_OF_Q,S_SF_Q,
    S_ZF_Q,S_LDr,S_CPL_r,S_IRlat,S_GRAout,S_MDRout_a,S_GRBout,S_PRout,
    S_MARout,S_MDRout_b,S_SPout,S_SDRout,S_c_0,S_s_0,S_s_1,S_s_2,
    S_s_3,S_s_ari,S_s_L,S_s_R,S_Flat,S_s_cmp,S_s_nov,S_GRAlat,S_s_inc,
    S_PRlat,S_MARlat,S_s_mdi,S_MDRlat,S_s_dcr,S_SPlat,S_s_sdi,S_SDRlat,
    S_s_stk,S_read,S_write,S_GR0_WE,S_GR1_WE,S_GR2_WE,S_GR3_WE,
    S_GR4_WE,S_GR5_WE,S_GR6_WE,S_GR7_WE,S_GR0_LAT,S_GR1_LAT,S_GR2_LAT,
    S_GR3_LAT,S_GR4_LAT,S_GR5_LAT,S_GR6_LAT,S_GR7_LAT : std_logic;
  signal  S_BUS_A,S_GRA,S_BUS_B,S_GRB,S_BUS_C,S_MDR_D,S_SDR_D,S_GR0_F,
    S_GR1_F,S_GR2_F,S_GR3_F,S_GR4_F,S_GR5_F,S_GR6_F,S_GR7_F,S_IR_F,
    S_PR_F,S_MAR_F,S_MDR_F,S_SP_F,S_SDR_F,S_ALU_F
     : std_logic_vector(15 downto 0);
begin
  GR0 : reg_16 port map( clk,S_GR0_LAT,'0',S_BUS_C,S_GR0_F);
  GR1 : reg_16 port map( clk,S_GR1_LAT,'0',S_BUS_C,S_GR1_F);
  GR2 : reg_16 port map( clk,S_GR2_LAT,'0',S_BUS_C,S_GR2_F);
  GR3 : reg_16 port map( clk,S_GR3_LAT,'0',S_BUS_C,S_GR3_F);
  GR4 : reg_16 port map( clk,S_GR4_LAT,'0',S_BUS_C,S_GR4_F);
  GR5 : reg_16 port map( clk,S_GR5_LAT,'0',S_BUS_C,S_GR5_F);
  GR6 : reg_16 port map( clk,S_GR6_LAT,'0',S_BUS_C,S_GR6_F);
  GR7 : reg_16 port map( clk,S_GR7_LAT,'0',S_BUS_C,S_GR7_F);
  IR : reg_16 port map( clk,S_IRlat,'0',S_BUS_A,S_IR_F);
  PR : rw_counter_16  port map(S_PRlat,clk,rst,S_s_inc,S_BUS_C,S_PR_F);
  MAR : reg_16 port map( clk,S_MARlat,'0',S_BUS_C,S_MAR_F);
  MDR : reg_16 port map( clk,S_MDRlat,'0',S_MDR_D,S_MDR_F);
```

```
SP : rw_d_counter_16 port map( S_SPlat,clk,rst,S_s_dcr,
                              S_BUS_C,S_SP_F);
SDR : reg_16 port map( clk,S_SDRlat,'0',S_SDR_D,S_SDR_F);
ALU1 : alu port map(S_c_0,S_s_0,S_s_1,S_s_2,S_s_3,
                  S_BUS_A,S_BUS_B,S_C15,S_C16,S_ALU_F);
SHIFTER : shifter_16 port map(S_s_ari,S_s_L,S_s_R,S_ALU_F,
                            S_L_OUT,S_R_OUT,S_BUS_C);
FR : flag_reg port map(clk,S_Flat,S_s_0,S_s_ari,S_s_L,S_s_R,S_s_cmp,
      S_s_nov,S_C,S_V,S_L_OUT,S_R_OUT,S_N,S_Z,S_OF_Q,S_SF_Q,S_ZF_Q);
decoder1 : decoder port map(S_IR_F(7 downto 4),S_GR0_WE,S_GR1_WE,
             S_GR2_WE,S_GR3_WE,S_GR4_WE,S_GR5_WE,S_GR6_WE,S_GR7_WE);
operation_decoder1
 : op_decoder_reg_to_reg port map(S_IR_F(15 downto 8),S_LDr,S_CPL_r);
ctl1 : ctl_reg_to_reg port map(clk,rst,S_OF_Q,S_SF_Q,S_ZF_Q,S_LDr,
       S_CPL_r,S_IRlat,S_GRAout,S_MDRout_a,S_GRBout,S_PRout,
       S_MARout,S_MDRout_b,S_SPout,S_SDRout,S_c_0,S_s_0,S_s_1,S_s_2,
       S_s_3,S_s_ari,S_s_L,S_s_R,S_Flat,S_s_cmp,S_s_nov,S_GRAlat,
       S_s_inc,S_PRlat,S_MARlat,S_s_mdi,S_MDRlat,S_s_dcr,S_SPlat,
       S_s_sdi,S_SDRlat,S_s_stk,S_read,S_write);

----------------BUS A
process(S_GR0_F,S_GR1_F,S_GR2_F,S_GR3_F,S_GR4_F,
        S_GR5_F,S_GR6_F,S_GR7_F,S_IR_F) begin
  if(S_IR_F(7 downto 4) = "0000")then
    S_GRA <= S_GR0_F;
  elsif(S_IR_F(7 downto 4) = "0001")then
    S_GRA <= S_GR1_F;
  elsif(S_IR_F(7 downto 4) = "0010")then
    S_GRA <= S_GR2_F;
  elsif(S_IR_F(7 downto 4) = "0011")then
    S_GRA <= S_GR3_F;
  elsif(S_IR_F(7 downto 4) = "0100")then
    S_GRA <= S_GR4_F;
  elsif(S_IR_F(7 downto 4) = "0101")then
    S_GRA <= S_GR5_F;
  elsif(S_IR_F(7 downto 4) = "0110")then
    S_GRA <= S_GR6_F;
  elsif(S_IR_F(7 downto 4) = "0111")then
    S_GRA <= S_GR7_F;
  else
    S_GRA <= "0000000000000000";
  end if;
```

```
end process;

process(S_GRA,S_MDR_F,S_GRAout,S_MDRout_a) begin
  if(S_GRAout = '1')then
    S_BUS_A <= S_GRA;
  elsif(S_MDRout_a = '1')then
    S_BUS_A <= S_MDR_F;
  else
    S_BUS_A <= "0000000000000000";
  end if;
end process;

---------------BUS B
process(S_GR0_F,S_GR1_F,S_GR2_F,S_GR3_F,S_GR4_F,S_GR5_F,
        S_GR6_F,S_GR7_F,S_IR_F) begin
  if(S_IR_F(3 downto 0) = "0001")then
    S_GRB <= S_GR1_F;
  elsif(S_IR_F(3 downto 0) = "0010")then
    S_GRB <= S_GR2_F;
  elsif(S_IR_F(3 downto 0) = "0011")then
    S_GRB <= S_GR3_F;
  elsif(S_IR_F(3 downto 0) = "0100")then
    S_GRB <= S_GR4_F;
  elsif(S_IR_F(3 downto 0) = "0101")then
    S_GRB <= S_GR5_F;
  elsif(S_IR_F(3 downto 0) = "0110")then
    S_GRB <= S_GR6_F;
  elsif(S_IR_F(3 downto 0) = "0111")then
    S_GRB <= S_GR7_F;
  else
    S_GRB <= "0000000000000000";
  end if;
end process;

process(S_GRB,S_PR_F,S_MAR_F,S_MDR_F,S_SP_F,S_SDR_F,S_GRBout,
        S_PRout,S_MARout,S_MDRout_b,S_SPout,S_SDRout) begin
  if(S_GRBout = '1')then
    S_BUS_B <= S_GRB;
  elsif(S_PRout = '1')then
    S_BUS_B <= S_PR_F;
  elsif(S_MARout = '1')then
    S_BUS_B <= S_MAR_F;
```

```
  elsif(S_MDRout_b = '1')then
    S_BUS_B <= S_MDR_F;
  elsif(S_SPout = '1')then
    S_BUS_B <= S_SP_F;
  elsif(S_SDRout = '1')then
    S_BUS_B <= S_SDR_F;
  else
    S_BUS_B <= "0000000000000000";
  end if;
end process;

---------------GR
S_GR0_LAT <= S_GR0_WE and S_GRAlat;
S_GR1_LAT <= S_GR1_WE and S_GRAlat;
S_GR2_LAT <= S_GR2_WE and S_GRAlat;
S_GR3_LAT <= S_GR3_WE and S_GRAlat;
S_GR4_LAT <= S_GR4_WE and S_GRAlat;
S_GR5_LAT <= S_GR5_WE and S_GRAlat;
S_GR6_LAT <= S_GR6_WE and S_GRAlat;
S_GR7_LAT <= S_GR7_WE and S_GRAlat;

---------------BUS C
process(S_BUS_C,mem_d_in,S_s_mdi) begin
  if(S_s_mdi = '1') then
    S_MDR_D <= mem_d_in;
  elsif(S_s_mdi = '0') then
    S_MDR_D <= S_BUS_C;
  else
    S_MDR_D <= "0000000000000000";
  end if;
end process;

process(S_BUS_C,mem_d_in,S_s_sdi) begin
  if(S_s_sdi = '1') then
    S_SDR_D <= mem_d_in;
  elsif(S_s_sdi = '0') then
    S_SDR_D <= S_BUS_C;
  else
    S_SDR_D <= "0000000000000000";
  end if;
end process;
```

```
  ---------------ALU/SHIFTop
  S_C <= S_C16;
  S_V <= S_C15 xor S_C16;

  ---------------FLAG
  S_N <= S_BUS_C(15);
  S_Z <= not (S_BUS_C(0) or S_BUS_C(1) or S_BUS_C(2) or S_BUS_C(3)
              or S_BUS_C(4) or S_BUS_C(5) or S_BUS_C(6) or S_BUS_C(7)
              or S_BUS_C(8) or S_BUS_C(9) or S_BUS_C(10)
              or S_BUS_C(11) or S_BUS_C(12) or S_BUS_C(13)
              or S_BUS_C(14) or S_BUS_C(15));

  ---------------MEMORY
  read         <= S_read;
  write        <= S_write;
  process(S_SP_F,S_MAR_F,S_s_stk) begin
    if(S_s_stk = '1') then
      addr      <= S_SP_F;
    elsif(S_s_stk = '0') then
      addr      <= S_MAR_F;
    else
      addr      <= "0000000000000000";
    end if;
  end process;

  process(S_MDR_F,S_SDR_F,S_s_stk) begin
    if(S_s_stk = '1') then
      mem_d_out <= S_SDR_F;
    elsif(S_s_stk = '0') then
      mem_d_out <= S_MDR_F;
    else
      mem_d_out <= "0000000000000000";
    end if;
  end process;

end BEHAVIOR;
```

索　　引

欧数字

あ 行

わ　行

著者略歴

福本 聡(ふくもと さとし)

1962 年	兵庫県に生まれる
1987 年	広島大学工学部第二類（電気系）卒業
1987 年	広島大学大学院博士課程後期修了（システム工学専攻）
現　在	首都大学東京システムデザイン学部・教授 博士（工学）

岩崎一彦(いわさき かずひこ)

1955 年	京都府に生まれる
1977 年	大阪大学基礎工学部情報工学科卒業
1977 年	大阪大学大学院博士前期課程修了（情報工学専攻）
現　在	首都大学東京学術情報基盤センター・教授 工学博士

コンピュータアーキテクチャ 第2版　　定価はカバーに表示

2015年 3 月 30 日　改訂第 1 版第 1 刷
2019年 7 月 25 日　　　　　第 4 刷

著　者　福　本　　聡
　　　　岩　崎　一　彦
発行者　朝　倉　誠　造
発行所　株式会社 朝　倉　書　店
東京都新宿区新小川町 6-29
郵便番号　162-8707
電　話 03(3260)0141
FAX 03(3260)0180
http://www.asakura.co.jp

〈検印省略〉

ISBN 978-4-254-12209-1　C 3041